新工人三级安全教育丛书

危险化学品企业新工人三级安全教育读本

主编　张　荣

主审　练学宁

中国劳动社会保障出版社

图书在版编目(CIP)数据

危险化学品企业新工人三级安全教育读本/张荣主编．—北京：中国劳动社会保障出版社，2008

新工人三级安全教育丛书

ISBN 978-7-5045-7162-5

Ⅰ.危… Ⅱ.张… Ⅲ.化学品-安全生产-安全教育 Ⅳ.TQ086.3

中国版本图书馆 CIP 数据核字(2008)第 062972 号

中国劳动社会保障出版社出版发行

（北京市惠新东街 1 号　邮政编码：100029）

出 版 人：张梦欣

*

北京隆昌伟业印刷有限公司印刷装订　新华书店经销

880 毫米×1230 毫米　32 开本　5.125 印张　1 彩插页　111 千字

2008 年 5 月第 1 版　2014 年 6 月第 4 次印刷

定价：15.00 元

读者服务部电话：010-64929211/64921644/84643933

发行部电话：010-64961894

出版社网址：http://www.class.com.cn

内 容 简 介

本书主要包括安全生产管理基础知识、安全技术基础知识、重大危险源与化学事故应急救援、职业卫生与个体防护等相关知识内容。本书言简意赅、通俗易懂，适用于危险化学品生产、经营从业人员上岗前的三级安全教育，也可作为相关行业从事安全管理人员的学习参考用书。

前　言

我国《安全生产法》明确规定："生产经营企业应当对从业人员进行安全生产教育和培训，保证从业人员具备必要的安全生产知识，熟悉有关的安全生产规章制度和安全操作规程，掌握本岗位的安全操作技能。未经安全生产教育和培训合格的从业人员，不得上岗操作。"

据此，国家安全生产监督管理总局2006年颁布的《生产经营单位安全培训规定》进一步规定：

"煤矿、非煤矿山、危险化学品、烟花爆竹等生产经营单位必须对新上岗的临时工、合同工、劳务工、轮换工、协议工等进行强制性安全培训，保证其具备本岗位安全操作、自救互救以及应急处置所需的知识和技能后，方能安排上岗作业。"

"加工、制造业等生产单位的其他从业人员，在上岗前必须经过厂（矿）、车间（工段、区、队）、班组三级安全培训教育。"

企业对新入厂的工人进行三级安全教育，既是依照法律履行企业的权利与义务，同时也是企业实现可持续发展的重要措施。

不同行业的企业生产的特点各不相同，存在的危险因素也大相径庭，要求工人掌握的安全生产技能和要求也有根本的区别，很难通过一本书来面面俱到地涉及不同行业需要的不同内容。"新工人三级安全教育丛书"按行业分类，更加深入、细致、全面地讲述相应行业的生产特点和技术要求，以及本行业作业人员可能遇到的典型的危险因素，可有助于工人快速地掌握本行业的安全生产知识，更贴近企业三级安全教育的要求，利于不同行业的企业进行新工人培训时使用，使新工人在学习了相关内容之后能够顺利地走上工作岗位，并对其今后正确处理工作中遇到的安全生产问题具有指导意义。

目　录

第一章 安全生产管理基础知识

第一节 从业人员安全须知

随着科学技术的发展，机械化、自动化程度的提高，对劳动者的素质要求也在不断地提高，不仅要求劳动者要有熟练的操作技能，而且要求劳动者具有良好的安全意识和安全操作技术。国家安全生产监督管理总局第三号令《生产经营单位安全培训规定》第十三条规定，危险化学品单位对新上岗的工人要进行安全培训，保证其具备本岗位安全操作、自救互救以及应急处置所需的知识和技能后，方能安排上岗作业。因此，企业必须对从业人员上岗前进行“三级安全教育”(厂级教育、车间教育和班组教育)，如果该岗位是特殊岗位还应进行特殊工种的安全知识培训，取得相应IC卡证后方可进行操作。

一、三级安全教育

“三级安全教育”是指对企业的各类新员工或变动工作岗位的员工以及进入企业的培训、实习等人员进行厂级、车间和岗位安全知识教育。

(1) 厂级教育内容。主要讲述工厂性质、主要工艺过程，国家安全生产方针、政策法规和管理体制，安全劳动卫生规章制度，事故案例分析，安全心理教育，机械、电气、起重、运输等安全知识，防火防爆和工厂消防知识，有关职业防尘、防毒和防护装置的使用方法。

（2）车间教育内容。讲述车间生产性质和工艺操作流程，车间生产危险部位及注意事项，预防工伤事故和职业病的主要措施，车间的典型事故案例，工人安全生产职责和遵章守纪的重要性。

（3）班组安全教育。讲述班组或工段工作性质、工艺流程、操作规程、安全生产岗位职责，工作地点安全文明生产、各种安全防护保险装置的作用及防护用品的使用，工厂、车间常见的安全标志、安全色和遵章守纪的重要性和必要性等。

二、从业人员岗位安全职责

操作人员既是安全生产的受益者，又是安全生产的责任者。按照“纵向到底，横向到边”的原则，从管理人员到操作人员都要明确和落实各级安全生产责任制，避免安全生产事故的发生。

从业人员的岗位安全职责包括：

（1）认真学习安全生产法律法规、岗位安全操作知识，掌握安全操作技能。

（2）严格遵守各项安全生产的规章制度，不违章作业。

（3）按照工艺操作规程操作，认真做好记录，发现安全事故隐患应采取相应的安全措施，并及时报告。

（4）做好各种生产设备及工具的保养工作，保持作业场所清洁，搞好文明生产。

（5）正确使用、妥善保管各种劳动防护用品和器具。

（6）拒绝违章作业的指令，并即时向上级报告、向监察部门反映或举报。

三、从业人员岗位操作安全须知

安全操作规程是操作人员操作机械设备等作业时必须遵守的程序，它是企业安全生产规章制度的重要内容，是安全技术规定在各个岗位上的具体体现。

（1）操作前要“一想、二查、三严”。一想，想当天生产操作岗位上有哪些不安全因素，以及如何处置等，做到始终把安全工作放在首要位置；二查，查看工作场所、设备、工具等是否符合安全要求，有无事故隐患，再检查自己的操作是否会影响周围人的安全；三严，是指严格遵守安全制度，严格执行操作规程，严格遵守劳动纪律。

（2）严格按岗位安全操作要求操作。

（3）严禁违章作业。

第二节　安全生产方针及原则

一、安全生产定义

安全生产是指为了使劳动过程在符合安全要求的物质条件和工作秩序下进行，防止伤亡事故、设备事故及各种灾害的发生，保障劳动者的安全健康和保证生产作业过程的正常进行而采取的各种措施和从事的一切活动。

二、安全生产方针

《安全生产法》规定了我国的安全生产基本方针是“安全第一，预防为主”，这是党和国家对安全生产工作的总体要求，企业从业人员在劳动生产过程中必须遵循这一基本方针。

《国民经济和社会发展第十一个五年规划纲要》明确提出要坚持

“安全第一，预防为主，综合治理”。这反映了我们党对安全生产规律的新认识，对于指导新时期安全生产工作具有重大而深远的意义。

“安全第一”说明和强调了安全的重要性。人的生命是至高无上的，每个人的生命只有一次，要珍惜生命、爱护生命、保护生命。事故意味着对生命的摧残与毁灭，因此，在生产活动中，应该把保护生命安全放在第一位。“预防为主”是指安全工作的重点应放在预防事故的发生上。安全工作应当做在生产活动之前，事先就要充分考虑事故发生的可能性，并自始至终采取有效措施以防止和减少事故。“综合治理”是指要自觉遵循安全生产规律，抓住安全生产工作中的主要矛盾和关键环节，综合运用经济、法律、行政等手段，并充分发挥社会、职工、舆论的监督作用，有效地解决安全生产领域中的问题。

三、“三同时”原则

“三同时”原则是指凡是在我国境内新建、改建、扩建的基本建设项目、技术改造项目，其劳动安全卫生设施必须符合国家规定的标准，必须与主体工程同时设计、同时施工、同时投入生产和使用。

四、“五同时”原则

“五同时”是指企业的生产组织及领导者在计划、布置、检查、总结、评比生产工作的时候，同时计划、布置、检查、总结、评比安全工作。

五、“四不放过”原则

“四不放过”是指在调查处理工伤事故时，必须坚持事故原因没有调查清楚不放过，没有采取切实可行的防范措施不放过，事故的责任者没有被处理不放过，事故责任者和群众没有受到教育不放过。

六、“三个同步”原则

“三个同步”是指安全生产与经济建设、企业深化改革、技术改造同步规划、同步发展、同步实施。

第三节　安全生产法律法规

安全生产法律法规是保护劳动者在生产过程中的生命安全和身体健康的有关法令、规程、条例规定等法律文件的总称。安全生产法律法规的主要作用是调整社会主义生产过程及商品流通过程中人与人之间、人与自然之间的关系，维护社会主义劳动法律关系中的权利与义务、生产与安全的辨证关系，以保障劳动者在生产过程中的安全和健康。

一、安全生产法律体系构成

我国安全生产法律体系是包含多种法律形式和法律层次的综合性系统，主要有安全生产法律法规基础的宪法规范、行政法律规范、技术性法律规范、程序性法律规范。

(1)《宪法》。《宪法》是安全生产法律体系框架的最高层级，“加强劳动保护、改善劳动条件”是有关安全生产方面最高法律效力的规定。

(2) 安全生产方面的法律。基础法有《安全生产法》和与它平行的专门法律和相关法律。专门法律有《消防法》《道路交通安全法》等。相关法律有《劳动法》《职业病防治法》等。

还有一些与安全生产监督执法工作有关的法律，如《刑法》《标准化法》《国家赔偿法》等。

(3) 安全生产行政法规有《危险化学品安全管理条例》等。

(4) 地方性安全生产法规是由有立法权的地方权力机关制定的安

全规范性文件，如《北京市安全生产条例》等。

（5）部门安全生产规章和地方政府安全生产规章。

（6）安全生产标准。

（7）已批准的国际劳工安全公约。

二、主要相关法律法规

1.《宪法》

《宪法》第 42 条规定："中华人民共和国公民有劳动的权利和义务。国家通过各种途径，创造劳动就业条件，加强劳动保护，改善劳动条件，并在发展生产的基础上，提高劳动报酬和福利待遇……"。第 43 条规定："中华人民共和国劳动者有休息的权利，国家发展劳动者休息和休养的设施，规定职工的工作时间和休假制度。"第 48 条规定："国家保护妇女的权利和利益……"。

2.《劳动法》

《劳动法》共有十三章一百零七条，于 1994 年 7 月 5 日第八届全国代表大会常务委员会第 8 次会议审议通过，自 1995 年 1 月 1 日起施行。其立法的目的是为了保护劳动者的合法权益，调整劳动关系，建立和维护适应社会主义市场经济的劳动制度，促进经济发展和社会进步。第四章对维护和实现劳动者的休息权利，合理地安排工作时间和休息时间做出了法律规定；第六章从 6 个方面规定了我国职业健康安全法规的基本要求；第七章对女职工和未成年工特殊职业健康安全要求做出了法律规定。

3.《安全生产法》

《安全生产法》于 2002 年 6 月 29 日第九届全国人民代表大会常务委员会第 28 次会议通过，同年 11 月 1 日颁布实施。共有七章九十七条，主要对“生产经营单位的安全生产保障”“从业人员的权利和义务”“安全生产的监督管理”及“法律责任”做出了基本的法律规定。

4.《职业病防治法》

《职业病防治法》于2001年10月27日第九届全国人民代表大会常务委员会第24次会议通过，2002年5月1日起施行。全法共有七章七十九条，其立法目的是为了预防、控制和消除职业病危害，防治职业病，保护劳动者健康及相关权益，促进经济发展。职业病防治工作的基本方针是“预防为主，防治结合”；管理的原则实行“分类管理、综合治理”。职业病一旦发生，较难治愈，所以职业病防治工作应抓致病源头，采取前期预防。职业病防治管理需要政府监督管理部门、用人单位、劳动者和其他相关单位共同履行自己的法定义务，才能达到预防为主的效果。

5.《使用有毒物品作业场所劳动保护条例》

《使用有毒物品作业场所劳动保护条例》于2002年4月30日国务院第57次常务会议通过，并以国务院令第352号公布、施行。本条例共有八章七十一条，条例制定的目的是为了保证作业场所安全使用有毒物品，预防、控制和消除职业中毒危害，保护劳动者的生命安全、身体健康及其相关权益。

6.《工伤保险条例》

《工伤保险条例》于2003年4月16日国务院第5次常务会议通过，并于2004年1月1日起施行。《工伤保险条例》制定的目的是为了保障因工作遭受事故伤害或者患职业病的职工获得医疗救治和经济补偿，促进工伤预防和职业康复，分散用人单位的工伤风险。

7.《安全生产许可证条例》

《安全生产许可证条例》于2004年1月7日国务院第34次常务会议通过，共二十四条，并自公布之日起施行。

它的核心是依法建立安全生产行政许可制度，从基本安全生产条件入手，对矿山企业、建筑施工企业和危险化学品、烟花爆竹、民爆器材生产企业等危险性较大的企业实施安全准入制度，从源头上杜绝了不具备基本安全生产条件的企业进入生产领域，并对企业日常的生产活动实施动态监督。

8.《危险化学品安全管理条例》

《危险化学品安全管理条例》于2002年1月9日国务院第52次常务会议通过，并于2002年3月15日施行，共有七章七十四条。根据《危险化学品安全管理条例》，生产、经营、储存、运输、使用危险化学品和处置废弃危险化学品的单位，其主要负责人必须保证本单位危险化学品的安全管理符合有关法律、法规、规章的规定和国家标准的要求，对本单位的安全负责。相关从业人员必须接受有关法律法规、安全知识、专业技术、职业卫生防护和应急救援知识的培训，经考核合格后方能上岗作业。

9.《易制毒化学品管理条例》

《易制毒化学品管理条例》于2005年8月17日国务院第102次常务会议通过，并于2005年11月1日起施行，共有八章四十五条。其目的是为了加强易制毒化学品管理，规范易制毒化学品的生产、经营、购买、运输和进口、出口行为，防止易制毒化学品被用于制造毒品，维护经济和社会秩序。国家对易制毒化学品生产、经营、购买、运输和进、出口实行分类管理和许可制度。易制毒化学品分为三类，第一类是可以用于制毒的主要原料，第二类、第三类是可以用于制毒的化学配剂。

第四节　从业人员安全生产权利和义务

一、从业人员的安全生产权利

《安全生产法》主要规定了各类从业人员必须享有的、有关安全生产和人身安全的最重要、最基本的权利。这些基本安全生产权利，可以概括为以下五项：

（1）享受工伤保险和伤亡赔偿权。《安全生产法》明确赋予了从业人员享有工伤保险和获得伤亡赔偿的权利，同时规定了生产经营单位的相关义务。《安全生产法》第四十四条规定："生产经营单位与从业人员订立的劳动合同，应当载明有关保障从业人员劳动安全、防止职业危害的事项，以及依法为从业人员办理工伤社会保险的事项。生产经营单位不得以任何形式与从业人员订立协议，免除或者减轻其对从业人员因生产安全事故伤亡依法应当承担的责任。"第四十八条规定："因生产安全事故受到损害的人员，除依法享有获得工伤社会保险的权利外，依照有关民事法律尚有获得赔偿的权利的，有权向本单位提出赔偿要求。"第四十三条规定："生产经营单位必须依法参加工伤社会保险，为从业人员缴纳保险费。"此外，法律还针对生产经营单位与从业人员订立协议，免除或者减轻其对从业人员因生产安全事故伤亡依法应承担的责任的行为，规定此类协议无效。

（2）危险因素和应急措施的知情权。《安全生产法》规定，生产经营单位从业人员有权利了解其作业场所和工作岗位存在的危险因素及事故应急措施。要保证从业人员这项权利的行使，生产经营单位就有义务事前告知有关危险因素和事故应急措施。否则，生产经营单位就侵犯了从业人员的权利，并应对由此产生的后果承担相应的法律责任。

（3）安全管理的批评检控权。从业人员是生产经营活动的直接承担者，也是生产经营活动中各种危险的直接面对者，它们对安全生产情况和安全管理中的问题最了解、最熟悉，具有他人不能替代的作用。只有依靠他们并且赋予必要的安全监督权和自我保护权，才能做到预防为主，防患于未然，保证企业安全生产。所以，《安全生产法》规定，从业人员有权对本单位安全生产工作中存在的问题提出批评、检举、控告。

（4）拒绝违章指挥和强令冒险作业权。在生产经营活动中，经常出现企业负责人或者管理人员违章指挥和强令从业人员冒险作业的现象，并由此导致事故，造成大量人员伤亡。《安全生产法》第四十六条规定：“生产经营单位不得因从业人员对本单位安全生产工作提出批评、检举、控告或者拒绝违章指挥、强令冒险作业而降低其工资、福利等待遇或者解除与其订立的劳动合同。”

（5）紧急情况下的停止作业和紧急撤离权。由于生产经营场所的自然和人为的危险因素的存在，经常会在生产经营作业过程中发生一些意外的或者人为的直接危及从业人员人身安全的危险情况，将会或者可能会对从业人员造成人身伤害。比如从事危险物品生产作业的从业人员，一旦发现将要发生危险物品泄漏、燃烧、爆炸等紧急情况并且无法避免时，最大限度地保护现场作业人员的生命安全是第一位的，法律赋予他们享有停止作业和紧急撤离的权利。《安全生产法》

第四十七条规定："从业人员发现直接危及人身安全的紧急情况时，有权停止作业或者在采取可能的应急措施后撤离作业场所。生产经营单位不得因从业人员在前款紧急情况下停止作业或者采取紧急撤离措施而降低其工资、福利等待遇或者解除与其订立的劳动合同。"从业人员在行使这项权利的时候，必须明确四点：一是危及从业人员人身安全的紧急情况必须有确实可靠的直接根据，凭借个人猜测或者误判而实际并不属于危及人身安全的紧急情况除外。二是紧急情况必须直接危及人身安全，间接或者可能危及人身安全的情况不应撤离，而应采取有效处理措施。三是出现危及人身安全的紧急情况时，首先是停止作业，然后要采取可能的应急措施；采取应急措施无效时，再撤离作业场所。四是该项权利不适用于某些从事特殊职业的从业人员，比如飞行人员、船舶驾驶人员、车辆驾驶人员等，根据有关法律、国际公约和职业惯例，在发生危及人身安全的紧急情况下，他们不能或者不能先行撤离作业场所或者岗位。

二、从业人员的安全生产义务

（1）遵章守规，服从管理的义务。《安全生产法》第四十九条规定："从业人员在从业过程中，应当严格遵守本单位的安全生产规章制度和操作规程。"根据《安全生产法》和其他有关法律、法规和规章的规定，生产经营单位必须制定本单位安全生产的规章制度和操作规程。从业人员必须严格依照这些规章制度和操作规程进行生产经营作业。生产经营单位的从业人员不服从管理，违反安全生产规章制度和操作规程的，由生产经营单位给予批评教育，依照有关规章制度给予处分；造成重大事故，构成犯罪的，依照刑法有关规定追究刑事责任。

（2）佩戴和使用劳动保护用品的义务。按照法律、法规的规定，为保障人身安全，生产经营单位必须为从业人员提供必要的、安全的劳动防护用品，以避免或者减轻作业和事故中的人身伤害。但实践中由于一些从业人员缺乏安全知识，认为佩戴和使用劳动防护用品没有必要，往往不按规定佩戴或者不能正确佩戴和使用劳动防护用品，由此引发的人身伤害事故时有发生，造成不必要的伤亡。因此，正确佩戴和使用劳动防护用品是从业人员必须履行的法定义务，这是保障从业人员人身安全和生产经营单位安全生产的需要。从业人员不履行该项义务而造成人身伤害的，生产经营单位不承担法律责任。

（3）接受培训，提高安全生产素质的义务。从业人员的安全生产意识和安全技能的高低，直接关系到生产经营活动的安全可靠性。特别是从事危险物品生产作业的从业人员，更需要具有系统的安全生产知识，熟练的安全生产技能，以及对不安全因素和事故隐患、突发事故的预防、处理能力和经验。许多国有和大型企业一般比较重视安全生产培训工作，从业人员的安全生产素质比较高。但是许多非国有和中小企业不重视或者不搞安全生产培训，有的没有经过专门的安全生产培训，或者简单应付了事，其中部分从业人员不具备应有的安全生产素质，因此违章违规操作，酿成事故的比比皆是。所以，为了明确从业人员接受培训、提高安全生产素质的法定义务，《安全生产法》第五十条规定："从业人员应当接受安全生产教育和培训，掌握本职工作所需的安全生产知识，提高安全生产技能，增强事故预防和应急处理能力。"

（4）发现事故隐患及时报告的义务。从业人员直接进行生产经营作业，他们是事故隐患和不安全因素的第一当事人。许多生产安全事故是由于从业人员在作业现场发现事故隐患和不安全因素后，没有及时报告，以至延误了采取措施进行紧急处理的时机，并由此发生重大、特大事故。如果从业人员尽职尽责，及时发现并报告事故隐患和不安全因素，许多事故能够得到及时报告并有效处理，完全可以避免事故发生和降低事故损失。所以，《安全生产法》第五十一条规定："从业人员发现事故隐患或者其他不安全因素，应当立即向现场安全生产管理人员或者本单位负责人报告；接到报告的人员应当及时予以处理。"这就要求从业人员必须具有高度的责任心，及时发现事故隐患和不安全因素，防患于未然，预防事故的发生。

第五节　安全生产责任追究

一、行政责任

按照《安全生产法》第九十条的规定，从业人员违反有关规章制度和操作规程的，应当按照以下几个方面进行处理：

（1）由生产经营单位给予批评教育。即由生产经营单位对该从业人员由于违反规章制度和操作规程的行为进行批评，同时对其进行有关安全生产方面知识的教育。

（2）依照有关规章制度给予处分。这里讲的规章制度包括企业依法制定的内部奖惩制度。另外，根据国务院颁布的《企业职工奖惩条例》的规定，对于全民所有制企业和城镇集体所有制企业的职工的处分包括警告、记过、记大过、降级、撤职、留用察看、开除七种。具体给予哪种处分，可根据从业人员违反规章制度行为的情节决定。

二、民事责任

《民法通则》是调整一定范围的财产关系和人身关系的法律规范

的总和。民法责任是民事主体违反民法的规定，违反民事义务应承担的法律后果。民事责任主要有侵权民事责任、国家机关和法人侵权的民事责任、违反《劳动法》造成劳动者损害的民事责任、违反《产品质量法》的民事责任，以及高度危险的作业造成他人损害的民事责任。

三、刑事责任

按照《安全生产法》第九十条的规定，生产经营单位的从业人员不服从管理，违反安全生产规章制度或者操作规程，造成重大事故，构成犯罪的，依照《刑法》有关规定追究刑事责任。这里讲的“构成犯罪”，主要是指构成《刑法》第一百三十四条规定的重大责任事故的犯罪。构成本条规定的犯罪，须具备以下条件：一是从业人员在客观上实施了不服从管理，违反规章制度的行为；二是造成重大事故。按照《刑法》第一百三十四条的规定，工厂、矿山，林场、建筑企业或者其他企业、事业单位的职工，由于不服管理，违反规章制度，或者强令工人违章冒险作业，因而发生重大伤亡事故或者造成其他严重后果的，处三年以下有期徒刑或者拘役；情节特别恶劣的，处三年以上七年以下有期徒刑。

生产经营单位主要负责人的责任按照《安全生产法》第九十一条规定，生产经营单位主要负责人在本单位发生重大生产安全事故时，不立即组织抢救或者在事故调查处理期间擅离职守或者逃匿的，给予降职、撤职的处分，对逃匿的处十五日以下拘役；构成犯罪的，依照刑法有关规定追究刑事责任。

按照《生产安全事故报告和调查处理条例》第三十九条规定，有关人员在发生事故时不立即组织事故抢救的，迟报、漏报、谎报或者瞒报事故的，阻碍、干涉事故调查工作的，在事故调查中作伪证或者指使他人作伪证的，将对直接负责的主管人员和其他直接责任人员依法给予处分；构成犯罪的，依法追究刑事责任。

第六节　安全色标与安全标志

一、安全色标

安全色标是指在操作人员容易产生错误而造成事故的场所，为预防事故、保障安全、提醒操作人员注意所采用的一种特殊标示，用来表达禁止、警告、指令和提示等安全信息。我国的《安全色》（GB 2894—1996）标准，对全国使用的安全色标进行统一。操作作业人员上岗前，应熟练掌握识别安全色标，以减少和杜绝意外安全事故。

《安全色》标准中采用了 4 种颜色：红、黄、蓝、绿。红色含义是禁止和紧急停止，也表示防火；蓝色含义是必须遵守的规定；黄色含义是警告和注意；绿色含义是提示、安全状态和通行。

为了使安全颜色更加醒目，使用对比色为其反衬色。黑白互为对比色，把红、蓝、绿 3 种颜色的对比色定为白色，黄色的对比色定为黑色。在运用对比色时，黑色用于安全标志的文字、图形符号和警告标志的几何图形，白色即可用于作安全标志的文字和图形符号。

二、安全标志

安全标志由安全色、几何图形和图形符号所构成，用以表达特定的安全信息。目的是引起人们对不安全因素的注意，预防发生事故。

安全标志分为禁止标志、警告标志、指令标志和提示标志四类，见书后彩插。

（1）禁止标志。禁止标志是禁止人们的不安全行为的图形标志。其基本形式是带斜杆的圆环，圆环和斜杆为红色，图形符号为黑色，底色为白色。

（2）警告标志。警告标志是提醒人们对周围环境引起注意，以避免发生危险的图形标志。其基本形式是正三角形边框，三角形边框及图形符号为黑色，底色为黄色。

（3）指令标志。指令标志是强制人们必须做出某种动作或采用防范措施的图形标志。其基本形式是圆形边框，图形符号为白色，底色为蓝色。

（4）提示标志。提示标志是向人们提供某种信息（如标明安全设施或场所等）的图形标志。基本形式是正方形边框，图形符号为白色，底色为绿色。但涉及消防安全的 7 个提示标志其底色为红色。

第二章 安全技术基础知识

第一节　危险化学品概述

一、化学品及危险化学品概念

1. 化学品

化学品，是指各种化学元素，或由化学元素组成的化合物及其混合物，无论是天然的或人造的。

2. 危险化学品

危险化学品是指化学品中具有易燃、易爆、有毒、有害及有腐蚀特性，对人员、设施、环境造成伤害或损害的化学品。如氯气有毒、有刺激性，硝酸有强烈腐蚀性，均属危险化学品。

二、危险化学品的危害

危险化学品的危害主要包括燃爆危害、健康危害和环境危害。

1. 危险化学品燃爆危害

燃爆危害是指化学品能引起燃烧、爆炸的危险。化工、石油化工企业由于生产中使用的原料、中间产品及产品多为易燃、易爆物，一旦发生火灾、爆炸事故，会造成严重的后果。因此了解危险化学品火灾、爆炸危害，正确进行危害性评价，及时采取防范措施，对搞好安全生产，防止事故发生具有重要意义。

2. 危险化学品健康危害

健康危害是指接触后能对人体产生的危害。由于危险化学品具有毒性、刺激性、腐蚀性、麻醉性、窒息性等特性，导致人员中毒事故每年都在发生。危险化学品事故统计资料显示，由于危险化学品的毒性危害导致的人员伤亡事故占危险化学品安全事故伤亡的50%左右，因此，关注危险化学品健康危害，将是化学品安全管理的重要内容。

3. 危险化学品环境危害

环境危害是指危险化学品对环境产生的危害。随着工业发展，各种危险化学品生产大量增加，新的危险化学品也不断涌现，在人们充分利用危险化学品的同时，也产生了大量的废物，其中不乏有毒有害物质。如何认识危险化学品的污染危害，最大限度地降低危险化学品的污染，加强环境保护力度，已是亟待解决的问题。

三、危险化学品危害控制的一般原则

危险化学品危害预防和控制的基本原则一般包括两个方面：操作控制和管理控制。

操作控制的目的是通过采取适当的措施，消除或降低工作场所的危害，防止工人在正常作业时受到有害物质的侵害。采取的主要措施是替代、变更工艺、隔离、通风、个体防护和卫生。

管理控制是指通过管理手段按照国家法律和标准建立安全管理程序和措施，这是预防和控制危险化学品危害的重要方面。如作业场所危害识别，在危险化学品包装上粘贴安全标签，在危险化学品运输、经营过程中附危险化学品安全技术说明书，对从业人员进行安全培训和资质认定，采取接触监测、医学监督等措施均可达到管理控制的目的。

第二节　防火防爆知识

一、防火知识

1. 燃烧的含义

燃烧是可燃物与助燃物（氧或氧化剂）发生的一种发光发热的化学反应，是在单位时间内产生的热量大于消耗热量的反应。燃烧过程具有两个特征：一是有新的物质产生，即燃烧是化学反应；二是燃烧过程中伴随有发光发热现象。

2. 燃烧的条件

燃烧必须同时具备下列三个条件：

（1）有可燃性的物质，如木材、乙醇、甲烷、乙烯等；

（2）有助燃性物质，常见的为空气和氧气；

（3）有能导致燃烧的能源，即点火源，如撞击、摩擦产生的火花，明火，电火花，高温物体，光和射线等。

可燃物、助燃物和点火源构成燃烧的三要素，缺少其中任何一个燃烧便不能发生。上述三个条件同时存在也不一定会发生燃烧，只有当三个条件同时存在，且都具有一定的“量”，并彼此作用时，才会发生燃烧。对于已经进行着的燃烧，若消除其中任何一个条件，燃烧便会终止，这就是灭火的基本原理。

3. 火灾及其分类

凡是在时间或空间上失去控制的燃烧所造成的灾害，都叫火灾。国家标准对火灾的分类在国家技术标准《火灾分类》（GB 4968—85）

中，根据物质燃烧特性将火灾分为4类。

(1) A类火灾，指固体物质火灾。如木材、棉、毛、麻、纸张火灾等。

(2) B类火灾，指液体火灾和可熔化的固体物质的火灾。如汽油、煤油、柴油、乙醇、沥青、石蜡火灾等。

(3) C类火灾，指气体火灾。如煤气、天然气、甲烷、乙烷、氢气火灾等。

(4) D类火灾，指金属火灾。如钾、钠、镁、铝镁合金火灾等。

4. 引燃源

能够引起可燃物燃烧的热能源叫引燃源。主要的引燃源有以下几种：

(1) 明火。明火有生产性用火，如乙炔火焰等；有非生产性用火，如烟头火、油灯火等。明火是最常见而且是比较强的着火源，它可以点燃任何可燃性物质。

(2) 电火花。电火花包括电气设备运行中产生的火花、短路火花以及静电放电火花和雷击火花。随着电气设备的广泛使用和操作过程的连续化，这种火源引起的火灾所占的比例越来越大。如加压气体在高压泄漏时会产生静电火花，人体静电放电产生静电火花，液体燃料流动时的静电放电，加注燃料时摩擦产生静电（由于燃料和输油管道、容器以及其他注油工具的互相摩擦，能产生大量的静电荷，注油的速度越快，产生的静电越多）。

(3) 火星。火星是在铁与铁、铁与石、石与石之间的强烈摩擦、撞击时产生的，是机械能转化为热能的一种现象。这种火星的温度一般有1 200℃左右，可以引起很多物质的燃烧。

(4) 灼热体。灼热体是指受高温作用，由于蓄热而具有较高温度的物体。灼热体与可燃物质接触引起的着火有快有慢，这主要是决定于灼热体所带的热量和物质的易燃性、状态，其点燃过程是从一点开始扩展的。

(5) 聚集的日光。指太阳光、凸玻璃聚光热等。这种热能只要具有足够的温度就能点燃可燃物质。

(6) 化学反应热和生物热。指由于化学变化或生物作用产生的热能。这种热能如不及时散发掉就会引起着火甚至燃烧爆炸。

5. 燃烧产物及危害

(1) 燃烧产物。燃烧产物是指由燃烧或热解作用而产生的全部物质，也就是说可燃物燃烧时，生成的气体、固体和蒸气等物质均为燃烧产物。物质燃烧后产生不能继续燃烧的新物质（如 CO_2、SO_2、水蒸气等），这种燃烧叫做完全燃烧，其产物为完全燃烧产物；物质燃烧后产生还能继续燃烧的新物质（如 CO、未燃尽的碳、甲醇、丙酮等），则叫做不完全燃烧，其产物为不完全燃烧产物。

(2) 燃烧产物的危害。二氧化碳（CO_2）是窒息性气体；一氧化碳（CO）是有强烈毒性的可燃气体；二氧化硫（SO_2）有毒，是大气污染中危害较大的一种气体，它严重伤害植物，刺激人的呼吸道，腐蚀金属等；一氧化氮（NO）、二氧化氮（NO_2）等都是有毒气体，对人体存在不同程度的危害，甚至会危及生命。烟灰是不完全燃烧产物，由悬浮在空气中未燃尽的细碳粒及分解产物构成；烟雾是由悬浮在空气中的微小液滴形成，都会污染环境，对人体有害。

6. 爆炸

爆炸是物质的一种急剧的物理、化学变化。在变化过程中伴有物质所含能量的快速释放，变为对物质本身、变化产物或周围介质的压缩能或运动能。

在一般情况下，火灾起火后火势逐渐蔓延扩大，随着时间的增加，损失急剧增加。而爆炸则是突发性的，在大多数情况下，爆炸过程在瞬间完成，人员伤亡及物质损失也在瞬间造成。火灾可能引发爆炸，因为火灾中的明火及高温能引起易燃物爆炸。如油库或炸药库失火可能引起密封油桶、炸药的爆炸；一些在常温下不会爆炸的物质，如醋酸，在火场的高温下有变成爆炸物的可能。爆炸也可以引发火灾，爆炸抛出的易燃物可能引起大面积火灾。如密封的燃料油罐爆炸后由于油品的外泄引起火灾，因此，发生火灾时，要防止火灾转化为爆炸；发生爆炸时，又要考虑到引发火灾的可能，及时采取防范抢救措施。

二、防火防爆技术措施

防止火灾、爆炸事故，必须坚持“预防为主、防治结合”的方针。防火防爆的基本安全措施主要有技术措施和组织管理措施两个方面。

1. 防火防爆的技术措施

（1）防止形成燃爆的介质。可用通风的办法来降低燃爆物质的浓度，使它达不到燃烧、爆炸极限。也可以用不燃或难燃物质来代替易燃物质。

（2）防止产生着火源，使火灾、爆炸不具备发生的条件。

（3）安装防火防爆安全装置。如安装灭火器、安全阀等装置。

2. 防火防爆的组织管理措施

（1）加强对防火防爆工作的领导。

（2）建立健全防火防爆制度。

（3）开展经常性的安全教育和检查。

（4）不得占用和堵塞消防通道。

（5）配备足够的消防器材。

（6）加强值班，严格进行巡回检查。

三、火灾爆炸事故的应急技术措施

1. 火灾事故处置要点

（1）发生火灾事故后，首先要正确判断着火部位和着火介质，立即使用现场便携式、移动式消防器材，在火灾初起时及时扑救。

（2）如果是电器着火，则要迅速切断电源，保证灭火的顺利进行。

（3）如果是单台设备着火，在甩掉和扑灭着火设备的同时，改用和保护备用设备。

（4）如果是高温介质漏出后自燃着火，则应首先切断设备进料，尽量安全地转移设备内储存的物料，然后采取进一步的处理措施。

（5）如果是易燃介质泄漏后受热着火，则应在切断设备进料的同时，降低高温物体表面的温度，然后再采取进一步的处理措施。

（6）如果是大面积着火，要迅速切断着火单元的进料，切断与周围单元生产管线的联系，停机、停泵、迅速将物料倒至安全的储罐，做好蒸汽掩护。

（7）发生火灾后，要在积极扑灭初起之火的同时迅速拨打火警电话向消防队报告，以得到专业消防队伍的支援，防止火势进一步扩大和蔓延。

2. 泄漏事故处置要点

（1）临时设置现场警戒范围。发生泄漏、跑冒事故后，要迅速疏散泄漏污染区人员至安全区，临时设置现场警戒范围，禁止无关人员进入污染区。

（2）熄灭危险区内一切火源。在可燃液体物料泄漏的范围内，首先要绝对禁止使用各种明火。特别是在夜间或视线不清的情况下，不要使用火柴、打火机等进行照明；同时也要注意不要使用刀闸等普通型电器开关。

（3）防止静电的产生。可燃液体在泄漏的过程中，流速过快就容易产生静电。为防止静电的产生，可采用堵洞、塞缝和减少内部压力的方法，通过减缓流速或止住泄漏来达到防静电的目的。

（4）避免形成爆炸性混合气体。当可燃物料泄漏在库房、厂房等有限空间时，要立即打开门窗进行通风，以避免形成爆炸性混合气体。

（5）如果是油罐液位超高造成跑冒，应急人员要按照规定穿防静电的防护服，佩戴自给式呼吸器立即关闭进料阀门，将物料输送到相同介质的待收罐。

3. 爆炸事故处置要点

（1）发生重大爆炸事故后，岗位人员要沉着、镇静，不要惊慌失措，在班长的带领下，迅速安排人员报警，同时积极组织人员查找事故原因。

（2）在处理事故过程中，岗位人员要穿戴防护服，必要时佩戴防毒面具和采取其他防护措施。

（3）如果是单个设备发生爆炸，首先要切断进料，关闭与之相邻的所有阀门，停机、停泵、停炉、除净塔器及管线的存料，做好蒸汽掩护。

（4）当爆炸引起大火时，在岗人员应利用岗位配备的消防器材进行扑救，并及时报警，请求灭火和救援，以免事态进一步恶化。

（5）爆炸发生后，要组织人员对邻近的设备和管线进行仔细检查，避免再次发生灾害。

第三节　危险化学品分类和特性

《危险化学品安全管理条例》规定，危险化学品列入以国家标准公布的《危险货物品名表》（GB 12268—1990）。剧毒化学品和未列入《危险货物品名表》中的其他危险化学品由国务院有关部门确定并公布。

一、危险化学品分类

危险化学品种类繁多，分类方法也不尽一致。根据国家质量监督检验检疫总局发布的国家标准《常用危险化学品的分类及标志》（GB 13690—1992），按主要危险特性把危险化学品分为 8 大类若干项。

第 1 类：爆炸品

第 1 项 有整体爆炸危险的物质和物品

第 2 项 有迸射危险，但无整体爆炸危险的物质和物品

第 3 项 有燃烧危险并有局部爆炸危险或局部迸射危险或这两种危险都有，但无整体爆炸危险的物质和物品

第 4 项 无重大危险的物质和物品

第 5 项 有整体爆炸危险但非常不敏感的物质

第 6 项 无整体爆炸危险的极端不敏感物质

第 2 类：压缩气体和液化气体

第 1 项 易燃气体

第 2 项 不燃气体（包括助燃气体）

第 3 项 有毒气体

第 3 类：易燃液体

第 1 项 低闪点液体

第 2 项 中闪点液体

第 3 项 高闪点液体

第 4 类：易燃固体，自燃物品和遇湿易燃物品

第 1 项 易燃固体

第 2 项 自燃物品

第 3 项 遇湿易燃物品

第 5 类：氧化剂和有机过氧化物

第 1 项 氧化剂

第 2 项 有机过氧化物

第 6 类：有毒品

第 7 类：放射性物品

第 8 类：腐蚀品

第 1 项 酸性腐蚀品

第 2 项 碱性腐蚀品

第 3 项 其他腐蚀品

二、危险化学品特性

1. 爆炸品

（1）爆炸品的定义。本类化学品指在外界作用下（如受热、受压、撞击等），能发生剧烈的化学反应，瞬时产生大量的气体和热量，使周围压力急剧上升，发生爆炸，对周围环境造成破坏的物品。

（2）爆炸品的主要特性：

1）爆炸性。爆炸品都具有化学不稳定性，在受热、撞击、摩擦、遇明火等条件下能以极快的速度发生猛烈的化学反应，产生的大量气体和热量在短时间内无法逸散开去，致使周围的温度迅速升高并产生巨大的压力而引起爆炸。爆炸品一旦发生爆炸，往往危害大、损失大、扑救困难，因此从事爆炸品工作的人员必须熟悉爆炸品的性能、危险特性和不同爆炸品的特殊要求。

2）殉爆性。当炸药爆炸时，能引起位于一定距离之外的炸药也发生爆炸，这种现象称为殉爆。殉爆发生的原因是冲击波的传播作用，距离越近冲击波强度越大。由于爆炸品具有殉爆的性质，因此对爆炸品的储存和运输必须高度重视，严格要求，加强管理。

2. 压缩气体和液化气体

（1）压缩气体和液化气体的定义。本类化学品系指压缩、液化或加压溶解的气体，并应符合下述两种情况之一者：其一临界温度低于50℃，或在50℃时，其蒸气压力大于294 kPa的压缩或液化气体；其二温度在21.1℃时，气体的绝对压力大于275.1 kPa，或在54.4℃时，气体的绝对压力大于715 kPa的压缩气体；或在37.8℃时，雷德蒸气压力大于275 kPa的液化气体或加压溶解的气体。

（2）压缩气体和液化气体的特性。本类化学品当受热、撞击或强烈震动时，容器内压力急剧增大，致使容器破裂爆炸，或导致气瓶阀门松动漏气，酿成火灾或中毒事故。

1）易燃易爆性。该类化学品超过半数是易燃气体，易燃气体的主要危险特性就是易燃易爆。处于燃烧浓度范围之内的易燃气体，遇着火源都能着火或爆炸，有的甚至只需极微小能量就可燃爆。简单成分组成的气体比复杂成分组成的气体易燃，燃烧速度快，火焰温度高，着火爆炸危险性大。由于充装容器为压力容器，受热或在火场上受热辐射时还易发生物理性爆炸。

2）扩散性。压缩气体和液化气体由于气体的分子间距大，相互作用小，所以非常容易扩散，能自发地充满任何容器。

气体的扩散性受比重影响，比空气轻的气体在空气中可以无限制地扩散，易与空气形成爆炸性混合物；比空气重的气体扩散后，往往聚集在地表、沟渠、隧道、厂房死角等处，长时间不散，遇着火源发生燃烧或爆炸。

3）可缩性能膨胀性。压缩气体和液化气体的热胀冷缩比液体、固体大得多，其体积随温度的升降而胀缩。

4）静电性。压缩气体和液化气体从管口破损处高速喷出时，由于强烈的摩擦作用，会产生静电。

5）腐蚀毒害性。压缩气体和液化气体主要是一些含氢、硫元素的气体，具有腐蚀作用。如氢、氨、硫化氢都能腐蚀设备，严重时可导致设备裂缝，漏气。这类危险化学品除了氧气和压缩空气外，大都具有一定的毒害性。

6）窒息性。压缩气体和液化气体都有一定的窒息性（氧气和压缩空气除外）。如二氧化碳、氮气、氦等惰性气体，一旦发生泄漏，能使人窒息死亡。

7）氧化性。压缩气体和液化气体的氧化性表现为三种情况：第一种是易燃气体，如氢气、甲烷等；第二种是助燃气体，如氧气、压缩空气、一氧化二氮；第三种是本身不燃，但氧化性很强，与可燃气体混合后能发生燃烧或爆炸的气体，如氯气与乙炔混合即可爆炸，氯气与氢气混合见光可爆炸。

3. 易燃液体

（1）易燃液体的定义。本类化学品系指易燃的液体、液体混合物或含有固体物质的液体，但不包括由于其危险特性已列入其他类别的液体。其闭杯试验闪点等于或低于 61℃。

（2）易燃液体的特性：

1）易挥发性。易燃液体的沸点都很低，易燃液体很容易挥发出易燃蒸气，达到一定浓度后遇到着火源而燃烧。

2）受热膨胀性。易燃液体的膨胀系数比较大，受热后体积容易膨胀，同时其蒸汽压也随之升高，从而使密封容器中内部压力增大，造成“鼓桶”，甚至爆裂，在容器爆裂时产生火花而引起燃烧爆炸。

3）流动扩散性。易燃液体的黏度一般都很小，本身极易流动扩散，常常还会因为渗透、浸润及毛细现象等作用不断地挥发，从而增加燃烧爆炸的危险性。

4）静电性。多数易燃液体都是电介质，在灌注、输送、流动过程中能够产生静电，静电积聚到一定程度时就会放电，引起着火或爆炸。

5）毒害性。易燃液体大多本身（或蒸气）具有毒害性，如 1，3—丁二烯，2—氯丙烯，丙烯醛等。不饱和芳香族碳氢化合物和易蒸发的石油产品比饱和的碳氢化合物、不易挥发的石油产品的毒性大。

4. 易燃固体、自燃物品和遇湿易燃物品

（1）易燃固体、自燃物品和遇湿易燃物品的定义。易燃固体系指燃点低，对热、撞击、摩擦敏感，易被外部火源点燃，燃烧迅速，并可能散发出有毒烟雾或有毒气体的固体，但不包括已列入爆炸品的物品，如红磷。

自燃物品系指自燃点低，在空气中易发生氧化反应，放出热量，而自行燃烧的物品，如白磷。

遇湿易燃物品系指遇水或受潮时，发生剧烈化学反应，放出大量的易燃气体和热量的物品。有的不需明火，即能燃烧或爆炸，如钾、钠等。

（2）易燃固体、自燃物品和遇湿易燃物品的特性：

1）易燃固体的特性。其一，易燃固体的着火点都比较低，一般都在300℃以下，在常温下只要有很小能量的着火源就能引起燃烧。有些易燃固体当受到摩擦、撞击等外力作用时也能引起燃烧。其二，大多数易燃固体遇热易分解。其三，很多易燃固体本身具有毒害性，或燃烧后产生有毒物质。其四，易燃固体中的赛璐珞、硝化棉及其制品等在积热不散时，都容易自燃起火。

2）自燃物品的特性。其一，自燃物品大部分非常活泼，具有极强的还原性，接触空气中的氧时会产生大量的热，达到自燃点而燃烧、爆炸。其二，遇湿易燃易爆。

有些自燃物品遇火或受潮后能分解引起自燃或爆炸。例如连二亚硫酸钠，遇水能发热引起冒黄烟燃烧甚至爆炸。

3）遇湿易燃物品的特性。其一，有些遇湿燃烧物质在与水化合的同时会放出氢气和热量，由于自燃或外来火源作用能引起氢气的着火或爆炸。其二，有些遇湿燃烧物质与水化合时，生成碳氢化合物，由于反应热或外来火源作用，造成碳氢化合物着火爆炸。具有这种性质的遇水燃烧物质主要有金属碳化合物以及有机金属化合物。其三，有些遇水燃烧物质与水化合时，生成磷化氢、氰化氢、硫化氢和四氢化硅等，由于自燃和火源作用会造成火灾和爆炸。其四，大多数遇湿易燃物品都具有毒害性和腐蚀性。

5. 氧化剂和有机过氧化物

（1）氧化剂和有机过氧化物的定义。氧化剂系指处于高氧化态、具有强氧化性、易分解并放出氧和热量的物质，包括含有过氧基的无机物，其本身不一定可燃，但能导致可燃物的燃烧，与松软的粉末可燃物能组成爆炸性混合物，对热、震动或摩擦较敏感。

有机过氧化物系指分子组成中含有过氧基的有机物，其本身易燃易爆，极易分解，对热、震动或摩擦极为敏感。

（2）氧化剂和有机过氧化物的特性：

1）氧化剂遇高温易分解放出氧和热量，极易引起爆炸。特别是过氧化物分子中的过氧基很不稳定，易分解放出原子氧，所以这类物品遇到易燃物品、可燃物品、还原剂，或者自已受热分解都容易引起火灾爆炸危险。

2）许多氧化剂如氯酸盐类、硝酸盐类、有机过氧化物等对摩擦、撞击、震动极为敏感。

3）大多数氧化剂，特别是碱性氧化剂，遇酸反应剧烈，甚至发生爆炸。

4）有些氧化剂，特别是活泼金属的过氧化物，遇水分解放出氧气和热量，有助燃作用，使可燃物燃烧，甚至爆炸。

5）有些氧化剂具有不同程度的毒性和腐蚀性。如铬酸酐、重铬酸盐等既有毒性，又会灼伤皮肤。

6. 有毒品

（1）有毒品的定义。有毒化学品系指进入肌体后，累积达一定的量，能与液体和器官组织发生生物化学作用或生物物理学作用，扰乱或破坏肌体的正常生理功能，引起某些器官和系统暂时性或持久性的病理改变，甚至危及生命的物品。具体指标为：

经口摄取半数致死量：固体 $LD_{50} \leqslant 500$ mg/kg

液体 $LD_{50} \leqslant 2\ 000$ mg/kg

经皮肤接触 24 h，半数致死量 $LD_{50} \leqslant 1\ 000$ mg/kg

粉尘，烟雾及蒸气吸入半数致死量 $LC_{50} \leqslant 10$ mg/L 的固体或液体。

（2）有毒品的特性。有毒品的主要特性是具有毒性。少量进入人、畜体内即能引起中毒，不但口服会中毒，吸入其蒸气也会中毒，有的还能通过皮肤吸收引起中毒。这类物品遇酸、受热会发生分解，放出有毒气体或烟雾从而引起中毒。

7. 放射性物品

（1）放射性物品的定义。物质能从原子核内部自行不断地放出具有穿透力、为人们不可见的射线（高速粒子）的性质，称为放射性，具有放射性的物质称为放射性物品。

放射性物品的安全管理不适用《危险化学品安全管理条例》，目前由环境保护部门负责管理。

（2）放射性物品的特性：

1）具有放射性。放射性物品能自发、不断地放出人们感觉器官不能觉察到的射线，放出的射线有 α 射线、β 射线、γ 射线和中子流。如果这些射线从人体外部照射或进入人体内，并达到一定剂量时，对人体的危害极大，易使人患放射病，甚至死亡。

2）许多放射性物品毒性很大，如钋、镭、钍等都是剧毒的放射性物品；钴、锶、碘、铅等为高毒的放射性物品，均应注意。

3）易燃性。放射性物品多数具有易燃性，且有的燃烧十分强烈，甚至引起爆炸。如独居石、金属钍、粉状金属铀等。

8. 腐蚀品

(1) 腐蚀品的定义。本类化学品系指能灼伤人体组织并对金属等物品造成损坏的固体或液体。与皮肤接触在 4 小时内出现可见坏死现象，或温度在 55℃时，对 20 号钢的表面均匀年腐蚀率超过 6.25 毫米/年的固体或液体。

(2) 腐蚀品的特性：

1）强烈的腐蚀性。腐蚀品具有强烈的腐蚀性，能腐蚀人体、金属、有机物和建筑物。其基本原因主要是由于这类物品具有酸性、碱性、氧化性、吸水性等所致。

2）强氧化性。部分无机酸性腐蚀品，如浓硝酸、浓硫酸、高氯酸等具有强的氧化性，遇到有机物如食糖、稻草、木屑、松节油等容易因氧化发热而引起燃烧，甚至爆炸。

3）毒害性。多数腐蚀品有不同程度的毒性，有的还是剧毒品，如氢氟酸、溴素、五溴化磷等。

4）易燃性。部分有机腐蚀品遇明火易燃烧，如冰醋酸、醋酸酐、苯酚等。

第四节　危险化学品的标识

一、危险化学品的标志

国家标准《常用危险化学品的分类及标志》（GB 13690—1992）

中，对危险化学品标志是通过图案、文字说明、颜色等信息鲜明、简洁地表征危险化学品特性和类别，向作业人员传递安全信息的警示性资料。

1. 标志种类

根据常用危险化学品的危险特性和类别，它们的标志设主标志16种和副标志11种，主标志见书后彩插。

2. 标志的图形

主标志由表示危险特性的图案、文字说明、底色和危险品类别号四个部分组成的菱形标志，副标志图形与主标志相同，只是没有危险品类别号。

3. 标志的尺寸、颜色及印刷

标志的尺寸、颜色及印刷按 GB 190 的有关规定执行。

4. 标志的使用原则

当一种危险化学品具有一种以上的危险性时，应用主标志表示主要危险性类别，并用副标志来表示重要的其他的危险性类别。

二、危险化学品的安全标签

《危险化学品安全管理条例》规定生产危险化学品的，应附有与危险化学品完全一致的化学品安全技术说明书，并在包装（包括外包装件）上加贴或者拴挂与包装内危险化学品完全一致的化学品安全标签。

1. 危险化学品安全标签的定义

危险化学品安全标签是用文字、图形符号和编码的组合形式表示危险化学品所具有的危险性和安全注意事项。图 2—1 是危险化学品安全标签的样例。

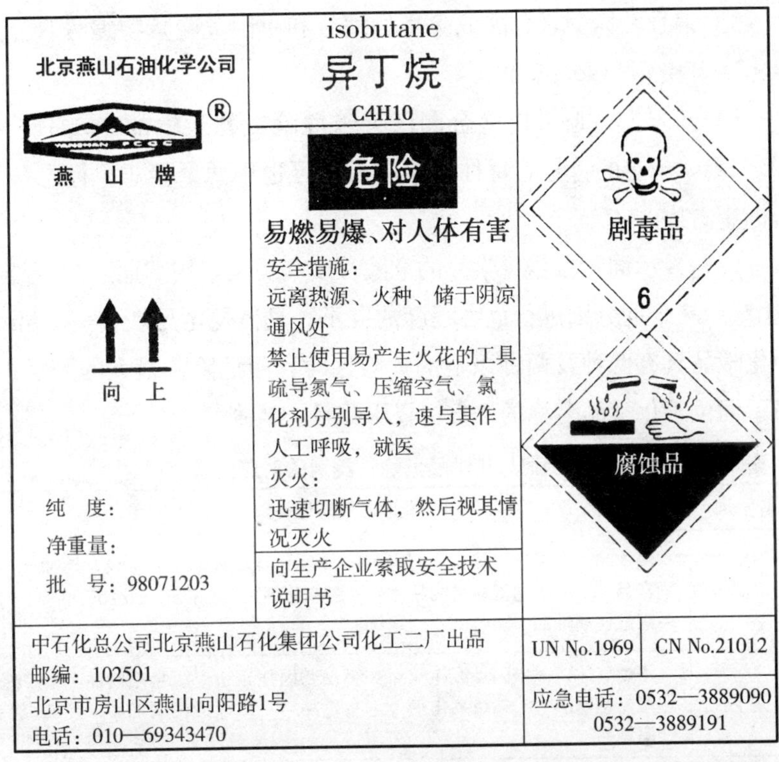

图 2—1　化学品安全标签样例

2. 危险化学品安全标签的内容

（1）化学品和其主要有害组分标识：

1）名称。用中文和英文分别标明化学品的通用名称。名称要求醒目清晰，位于标签的正上方。

2）化学式。用元素符号和数字表示分子中各原子数，居名称的下方。若是混合物此项可略。

3）化学成分及组成。标出化学品的主要成分和含有的有害组分含量或浓度。

4）编号。标明联合国危险货物编号和中国危险货物编号，分别UN No. 和 CN No. 表示。

5）标志。标志采用联合国《关于危险货物运输的建议书》和GB 13690 规定的符号。每种化学品最多可选用两个标志。标志符号居标签右边。

（2）警示词。根据化学品的危险程度和类别，用“危险”“警告”“注意”三个词分别进行危害程度的警示。具体规定见表 2—1。当某种化学品具有两种及两种以上的危险性时，用危险性最大的警示词。警示词位于化学品名称的下方，要求醒目、清晰。

表 2—1　　警示词与化学品危险性类别的对应关系

警示词	化学品危险性类别
危险	爆炸品　易燃气体　有毒气体　低闪点液体　一级自燃物品　剧毒品　一级遇湿易燃物品　一级氧化剂　有机过氧化物　一级酸性腐蚀品
警告	不燃气体　中闪点液体　一级易燃固体　二级自燃物品　二级遇湿易燃物品　二级氧化剂　有毒品　二级酸性腐蚀品　二级酸性腐蚀品
注意	高闪点液体　二级易燃固体　有害品　二级碱性腐蚀品　其他腐蚀品

（3）危险性概述。简要概述化学品燃烧爆炸危险性、健康危害和环境危害，居警示词下方。

（4）安全措施。表述化学品在处置、搬运、存储和使用作业中所必须注意的事项和发生意外时简单有效的救护措施等。要求内容简明扼要、重点突出。

（5）灭火。化学品为易（可）燃或助燃物质，应提示有效的灭火剂和禁用的灭火剂以及灭火注意事项。

（6）批号。注明生产日期及生产班次。

（7）提示向生产销售企业索取安全技术说明书。

（8）生产企业名称、地址、邮编、电话。

（9）应急咨询电话。填写化学品生产企业的应急咨询电话和国家化学事故应急咨询电话。

3. 标签使用注意事项

（1）标签的粘贴、挂拴、喷印应牢固，保证在运输、储存期间不脱落、不损坏。

（2）标签应由生产企业在货物出厂前粘贴、挂拴、喷印。若要改换包装，则由改换包装单位重新粘贴、挂拴、喷印标签。

（3）盛装危险化学品的容器或包装，在经过处理并确认其危险性完全消除之后，方可撕下标签，否则不能撕下相应的标签。

三、危险化学品的安全技术说明书

1. 危险化学品安全技术说明书的定义

危险化学品安全技术说明书是一份关于危险化学品燃爆、毒性和环境危害以及安全使用、泄漏应急处理、主要理化参数、法律法规等方面信息的综合性文件。

化学品安全技术说明书国际上称作化学品安全信息卡，简称MSDS或CSDS。

2. 危险化学品安全技术说明书的主要作用

（1）危险化学品安全技术说明书是化学品安全生产、安全流通、安全使用的指导性文件。

（2）危险化学品安全技术说明书是应急作业人员进行应急作业时的技术指南。

（3）危险化学品安全技术说明书为制订危险化学品安全操作规程提供技术信息。

（4）危险化学品安全技术说明书是企业进行安全教育的重要内容。

3. 危险化学品安全技术说明书的内容

危险化学品安全技术说明书包括以下 16 部分的内容：

（1）化学品及企业标识。主要标明化学品名称、生产企业名称、地址、邮编、电话、应急电话、传真等信息。

（2）成分/组成信息。标明该化学品是纯化学品还是混合物，如果其中含有有害性组分，则应给出化学文摘索引登记号（CAS 号）。

（3）危险性概述。简述本化学品最重要的危害和效应，主要包括：危险类别、侵入途径、健康危害、环境危害、燃爆危险等信息。

（4）急救措施。主要是指作业人员受到意外伤害时，所需采取的现场自救或互救的简要的处理方法，包括眼睛接触、皮肤接触、吸入、食入的急救措施。

（5）消防措施。主要表示化学品的物理和化学特殊危险性，合适的灭火介质，不合适的灭火介质以及消防人员个体防护等方面的信息，包括危险特性、灭火介质和方法，灭火注意事项等。

（6）泄漏应急处理。指化学品泄漏后现场可采用的简单有效的应急措施、注意事项和消除方法，包括应急行动、应急人员防护、环保措施、消除方法等内容。

（7）操作处理与存储。主要是指化学品操作处理和安全储存方面的信息资料，包括操作处置作业中的安全注意事项、安全储存条件和注意事项。

(8) 接触控制与个体防护。主要指为保护作业人员免受化学品危害而采用的防护方法和手段，包括：最高允许浓度、工程控制、呼吸系统防护、眼睛防护、身体防护、手防护、其他防护要求。

(9) 理化特性。主要描述化学品的外观及主要理化性质。

(10) 稳定性和反应性。主要叙述化学品的稳定性和反应活性方面的信息。

(11) 生态学资料。主要叙述化学品的环境生态效应、行为和转归。

(12) 毒理学资料。主要是指化学品的毒性、刺激性、致癌性等。

(13) 废弃处理。包括危险化学品的安全处理方法和注意事项。

(14) 运输信息。主要是指国内、国际化学品包装、运输的要求及规定的分类和编号。

(15) 法规信息。主要指化学品管理方面的法律条款和标准。

(16) 其他信息。主要提供其他对安全有重要意义的信息，如填表时间，数据审核单位等。

4. 使用要求

(1) 安全技术说明书由化学品的生产供应企业编印，在交付商品时提供给用户，作为用户的一种服务，随商品在市场上流通。

(2) 危险化学品的用户在接收使用化学品时，要认真阅读安全技术说明书，了解和掌握其危险性。

(3) 根据危险化学品的危险性，结合使用情形，制订安全操作规程，培训作业人员。

(4) 按照安全技术说明书，制定安全防护措施。

(5) 按照安全技术说明书制定急救措施。

(6) 安全技术说明书的内容，每五年要更新一次。

第五节　危险化学品生产、使用中的危险性

一、生产火灾危险性分类

建筑设计防火规范（GB 50016—2006）将生产的火灾危险性分为五类：甲、乙、丙、丁、戊，见表 2—2。

表 2—2　　生产的火灾危险性分类

生产类别	火灾危险性特征	
	项别	使用或产生下列物质的生产
甲	1	闪点小于 28℃的液体
	2	爆炸下限小于 10%的气体
	3	常温下能自行分解或在空气中氧化能导致迅速自燃或爆炸的物质
	4	常温下受到水或空气中水蒸气的作用，能产生可燃气体并引起燃烧或爆炸的物质
	5	遇酸、受热、撞击、摩擦、催化以及遇有机物或硫黄等易燃的无机物，极易引起燃烧或爆炸的强氧化剂
	6	受撞击、摩擦或与氧化剂、有机物接触时能引起燃烧或爆炸的物质
	7	在密闭设备内操作温度大于等于物质本身自燃点的生产
乙	1	闪点大于等于 28℃，但小于 60℃的液体
	2	爆炸下限大于等于 10%的气体
	3	不属于甲类的氧化剂
	4	不属于甲类的化学易燃危险固体
	5	助燃气体
	6	能与空气形成爆炸性混合物的浮游状态的粉尘、纤维，闪点大于等于 60℃的液体雾滴
丙	1	闪点大于等于 60℃的液体
	2	可燃固体
丁	1	对不燃烧物质进行加工，并在高温或熔化状态下经常产生强辐射热、火花或火焰的生产
	2	利用气体、液体、固体作为燃料或将气体、液体进行燃烧作其他用途的各种生产
	3	常温下使用或加工难燃烧物质的生产
戊		常温下使用或加工燃烧物质的生产

二、典型化学反应的危险性分析

1. 氧化

（1）氧化的危险性分析：

1）氧化反应初期需要加热，但反应过程又会放热，这些反应热如不及时移去，将会使温度迅速升高甚至发生爆炸。特别是在250～600℃高温下进行的气相催化氧化反应以及部分强放热的氧化反应时，更需特别注意其温度控制，否则会因温度失控造成火灾爆炸危险。

2）有的氧化过程，如氨、乙烯和甲醇蒸气在空气中的氧化，其物料配比接近于爆炸下限，倘若配比失调，温度控制不当，极易爆炸起火。

3）被氧化的物质大部分是易燃易爆物质，如氧化制取环氧乙烷的乙烯、氧化制取苯甲酸的甲苯、氧化制取甲醛的甲醇等。

4）氧化剂具有很大的火灾危险性。如氯酸钾、高锰酸钾、铬酸酐等，如遇点火源以及与有机物、酸类接触，皆能引起着火爆炸。有机过氧化物具有更大的危险，不仅具有很强的氧化性，而且大部分是易燃物质，有的对温度特别敏感，遇高温则爆炸。

5）部分氧化产品也具有火灾危险性。如环氧乙烷是可燃气体，36.7％的甲醛水溶液是易燃液体等。此外，氧化过程还可能生成危险性较大的过氧化物。如乙醛氧化生产醋酸的过程中有过醋酸生成，过醋酸是有机过氧化物，性质极不稳定，受高温、摩擦或撞击便会分解或燃烧。

（2）氧化的安全技术要点：

1）必须保证反应设备的良好传热能力。可以采用夹套、蛇管冷却，以及外循环冷却等方式；同时采取措施避免冷却系统发生故障，如在系统中设计备用泵和双路供电等；必要时应有备用冷却系统。为了加速热量传递，要保证搅拌器安全可靠运行。

2）反应设备应有必要的安全防护装置。设置安全阀等紧急泄压装置；超温、超压、含氧量高限报警装置和安全联锁及自动控制等。为了防止氧化反应器在万一发生爆炸或着火时危及人身和系统安全，进出设备的物料管道上应设阻火器、水封等防火装置，以阻止火焰蔓延，防止回火。在设备系统中宜设置氮气、水蒸气灭火装置，以便能及时扑灭火灾。

3）氧化过程中如以空气或氧气作氧化剂时，反应物料的配比应严格控制在爆炸范围之外。空气进入反应器之前，应经过气体净化装置，消除空气中的灰尘、水汽、油污以及可使催化剂活性降低或中毒的杂质，以保持催化剂的活性，减少着火和爆炸的危险。

4）使用硝酸、高锰酸钾等氧化剂时，要严格控制加料速度、加料顺序，杜绝加料过量、加料错误。固体氧化剂应粉碎后使用，最好呈溶液状态使用。反应中要不间断搅拌，严格控制反应温度，决不许超过被氧化物质的自燃点。

5）使用氧化剂氧化无机物时，如使用氯酸钾氧化生成铁蓝颜料时，应控制产品烘干温度不超过其燃点。在烘干之前应用清水洗涤产品，将氧化剂彻底清洗干净，以防止未完全反应的氯酸钾引起已烘干物料起火。有些有机化合物的氧化，特别是在高温下氧化，在设备及管道内可能产生焦状物，应及时清除，以防止局部过热或自燃。

6）氧化反应使用的原料及产品，应按有关危险品的管理规定，采取相应的防火措施，如隔离存放、远离火源、避免高温和日晒、防止摩擦和撞击等。如果是电介质的易燃液体或气体，应安装除静电的接地装置。

2. 还原

（1）还原的危险性分析：

1）还原过程如有氢气存在，氢气的爆炸极限为4.1%～75%，特别是催化加氢还原，大都在加热、加压条件下进行。如果操作失误或因设备缺陷有氢气泄漏极易与空气形成爆炸性混合物，如遇火源就会爆炸。高温高压下，氢对金属有渗透作用，易造成腐蚀。

2）还原反应中所使用的催化剂雷氏镍吸潮后在空气中有自燃危险，即使没有点火源存在，也能使氢气和空气的混合物着火爆炸。

3）固体还原剂保险粉、硼氢化钾（钠）、氢化铝锂等都是遇湿易燃危险品。其中保险粉遇水发热，在潮湿空气中能分解析出硫，硫蒸气受热具有自燃的危险，同时，保险粉自身受热到190℃也有分解爆炸的危险。硼氢化钾（钠）在潮湿空气中能自燃，遇水或酸，分解放出大量氢气，同时产生高热，可使氢气着火而引起爆炸事故。以上还原剂如遇氧化剂会猛烈反应，产生大量热量，也有发生燃烧爆炸的危险。

4）还原反应的中间体，特别是硝基化合物还原反应的中间体，亦有一定的火灾危险。如生产苯胺时，如果反应条件控制不好，可能生成燃烧危险性很大的环己胺。

（2）还原的安全技术要点：

1）由于有氢的存在，必须遵守国家爆炸危险场所安全规定。车间内的电气设备必须符合防爆要求，且不能在车间顶部敷设电线及安装电线接线；厂房通风要好，采用轻质屋顶，设置天窗或风帽，防止氢气的积聚；加压反应的设备要配备安全阀，反应中产生压力的设备要装设爆破片；最好安装氢气浓度检测和报警装置。

2）可能造成氢腐蚀的场合，设备、管道的选材要符合要求，并应定期检测。

3）当用雷氏镍来活化氢气进行还原反应时，必须先用氮气置换反应器内的全部空气，并经过测定证实器内含氧量降到标准要求，才可通入氢气。反应结束后应先用氮气把反应器内的氢气置换干净，才可打开孔盖出料，以免外界空气与反应器内氢气相遇，在雷氏镍自燃的情况下发生着火爆炸。雷氏镍应当储存于酒精中。回收钯碳时应用酒精及清水充分洗涤，抽真空过滤时不能抽得太干，以免氧化着火。

4）使用还原剂时应注意相应的安全问题。当保险粉用于溶解使用时，要严格控制温度，可以在开动搅拌的情况下，将保险粉分批加入水中，待溶解后再与有机物接触反应；应妥善储藏保险粉，防止受潮。当使用硼氢化钠（钾）作还原剂时，在工艺过程中调节酸、碱度时要特别注意，防止加酸过快，过多；硼氢化钾（钠）应储存于密闭容器中，置于干燥处，防水防潮并远离火源。在使用氢化锂铝作还原剂时，要特别注意必须在氮气保护下使用；氢化锂铝遇空气和水都能燃烧，平时应浸没于煤油中储存。

5）操作中必须严格控制温度、压力、流量等反应条件及反应参数，避免生成爆炸危险性很大的中间体。

6）尽量采用危险性小、还原效率高的新型还原剂代替火灾危险性大的还原剂。例如用硫化钠代替铁粉进行还原，可以避免氢气产生，同时还可消除铁泥堆积的问题。

3. 硝化

（1）硝化的危险性分析：

1）硝化是一个放热反应，所以硝化需要在降温条件下进行。在硝化反应中，倘若稍有疏忽，如中途搅拌停止、冷却水供应不良、加料速度过快等，都会使温度猛增、混酸氧化能力增强，并有多硝基物生成，容易引起着火和爆炸事故。

2）常用硝化剂都具有较强的氧化性、吸水性和腐蚀性。它们与油脂、有机物，特别是不饱和的有机化合物接触即能引起燃烧。在制备硝化剂时，若温度过高或落入少量水，会促使硝酸的大量分解和蒸发，不仅会导致设备的强烈腐蚀，还可造成爆炸事故。

3）被硝化的物质大多易燃，如苯、甲苯、甘油、氯苯等，不仅易燃，有的还有毒性，如使用或储存管理不当，很易造成火灾及中毒事故。

4）硝化产物大都有着火爆炸的危险性，如TNT、硝化甘油、苦味酸等，当受热摩擦、撞击或接触点火源时，极易发生爆炸或着火。

（2）硝化的安全技术要点：

1）硝化设备应确保严密、不泄漏，防止硝化物料溅到蒸气管道等高温表面上而引起爆炸或燃烧。同时严防硝化器夹套焊缝因腐蚀使冷却水漏入硝化物中。如果管道堵塞，可用蒸气加温疏通，千万不能用金属棒敲打或明火加热。

2）车间厂房设计应符合国家爆炸危险场所安全规定。车间内电气设备要防爆，通风良好。严禁带入火种；检修时尤其注意防火安全，报废的管道不可随便拿用，避免意外事故发生。必要时硝化反应器应采取隔离措施。

3）采用多段式硝化器可使硝化过程达到连续化，使每次投料少，减少爆炸中毒的危险。

4）配制混酸时，应先用水将浓硫酸稀释，稀释应在搅拌和冷却情况下将浓硫酸缓慢加入水中，以免发生爆溅。浓硫酸稀释后，在不断搅拌和冷却条件下加浓硝酸。应严格控制温度以及酸的配比，直至充分搅拌均匀为止。配制混酸时要严防因温度猛升而冲料或爆炸，更不能把未经稀释的浓硫酸与硝酸混合，以免引起突沸冲料或爆炸。

5）硝化过程中一定要避免有机物质的氧化。仔细配制反应混合物并除去其中易氧化的组分；硝化剂加料应采用双重阀门控制好加料速度，反应中应连续搅拌，搅拌机应当有自动启动的备用电源，并备有保护性气体搅拌和人工搅拌的辅助设施，随时保持物料混合良好。

6）往硝化器中加入固体物质，必须采用漏斗等设备使加料工作机械化，从加料器上部的平台上使物料沿专用的管子加入硝化器中。

7）硝基化合物具有爆炸性，形成的中间产物（如二硝基苯酚盐，特别是铅盐）有巨大的爆炸威力。在蒸馏硝基化合物（如硝基甲苯）时，防止热残渣与空气混合发生爆炸。

8）避免油从填料函落入硝化器中引起爆炸，硝化器搅拌轴不可使用普通机油或甘油作润滑剂，以免被硝化形成爆炸性物质。

9）对于特别危险的硝化产物（如硝化甘油），则需将其放入装有大量水的事故处理槽中。在发生事故时，将物料放入硝化器附设的相当容积的紧急放料槽。

10）分析取样时应当防止未完全硝化的产物突然着火，防止烧伤事故。

4. 磺化

（1）磺化的危险性分析：

1）常用的磺化剂，如浓硫酸、三氧化硫、氯磺酸等都是氧化剂。

特别是三氧化硫，它一旦遇水则生成硫酸，同时会放出大量的热，使反应温度升高造成沸溢、使磺化反应导致燃烧反应而起火或爆炸；同时，由于硫酸极强的腐蚀性增加了对设备的腐蚀破坏作用。

2）磺化反应是强放热反应，若在反应过程温度超高，可导致燃烧反应，造成爆炸或起火事故。

3）苯、硝基苯、氯苯等可燃物与浓硫酸、三氧化硫、氯磺酸等强氧化剂进行的磺化反应非常危险，因其已经具备了可燃物与氧化剂作用发生放热反应的燃烧条件。对于这类磺化反应，操作稍有疏忽都可能造成反应温度升高，使磺化反应变为燃烧反应，引起着火或爆炸事故。

（2）磺化的安全技术要点：

1）使用磺化剂必须严格防水防潮、严格防止接触各种易燃物，以免发生火灾爆炸；经常检查设备管道，防止因腐蚀造成穿孔泄漏，引起火灾和腐蚀伤害事故。

2）保证磺化反应系统有良好的搅拌和有效的冷却装置，以及时移走反应热，避免温度失控。

3）严格控制原料纯度（主要是含水量），投料操作时顺序不能颠倒，速度不能过快，以控制正常的反应速度和反应热，以免正常冷却失效。

4）反应结束，注意放料安全，避免烫伤及腐蚀伤害。

5）磺化反应系统应设置安全防爆装置和紧急放料装置，一旦温度失控，立即紧急放料，并进行紧急冷处理。

5. 烷基化

（1）烷基化的危险性分析：

1）被烷基化的物质以及烷基化剂大都具有着火爆炸危险。如苯是中闪点易燃液体，闪点－11℃，爆炸极限1.2%～8%；苯胺是毒害品，闪点70℃，爆炸极限1.3%～11.0%；丙烯是易燃气体，爆炸极限1%～15%；甲醇是中闪点易燃液体，闪点11℃，爆炸极限5.5%～44%。

2）烷基化过程所用的催化剂易燃。例如三氯化铝是遇湿易燃物品，有强烈的腐蚀性，遇水（或水蒸气）会发热分解，放出氯化氢气体，有时能引起爆炸，若接触可燃物则易着火。三氯化磷遇水（或乙醇）会剧烈分解，放出大量的热和氯化氢气体。氯化氢有极强的腐蚀性和刺激性，有毒，遇水及酸（硝酸、醋酸）发热、冒烟，有发生起火爆炸的危险。

3）烷基化的产品亦有一定的火灾危险性。

4）烷基化反应都在加热条件下进行，若反应速度控制不当，可引起跑料，造成着火或爆炸事故。

（2）烷基化的安全技术要点：

1）车间厂房设计应符合国家爆炸危险场所安全规定。应严格控制各种点火源，车间内电气设备要防爆，通风良好。易燃易爆设备和部位应安装可燃气体监测报警仪，设置完善的消防设施。

2）妥善保存烷基化催化剂，避免与水、水蒸气以及乙醇等物质接触。

3）烷基化的产品存放时需注意防火安全。

4）烷基化反应操作时应注意控制反应速度。例如，保证原料、催化剂、烷基化剂等的正常加料顺序、加料速度，保证连续搅拌等，避免发生剧烈反应引起跑料，造成着火或爆炸事故。

6. 氯化

(1) 氯化的危险性分析：

1) 氯化反应的各种原料、中间产物及部分产品都具有不同程度的火灾危险性。

2) 氯化剂具有极大的危险性。氯气为强氧化剂，能与可燃气体形成爆炸性气体混合物；能与可燃烃类、醇类、羧酸和氯代烃等形成二元混合物，极易发生爆炸。氯气与烯烃形成的混合物，在受热时可自燃；与二硫化碳混合，会出现自行突然加速过程而增加爆炸危险；与乙炔的反应极为剧烈；有氧气存在时，甚至在−78℃的低温也可发生爆炸。三氯化磷、三氯氧磷等遇水会发生快速分解，导致冲料或爆炸。漂白粉、光气等均具有较大的火灾危险性。有些氯化剂还具有较强的腐蚀性，损坏设备。

3) 氯化反应是放热反应，有些反应温度高达500℃，如温度失控，可造成超压爆炸。某些氯化反应会发生自行加速过程，导致爆炸危险。在生产中如果出现投料配比差错，投料速度过快，极易导致火灾或爆炸性事故。

4) 液氯气化时，高热使液氯剧烈气化，可造成内压过高而爆炸；工艺、操作不当使反应物倒灌至液氯钢瓶，则可能与氯发生剧烈反应引起爆炸。

(2) 氯化的安全技术要点：

1) 车间厂房设计应符合国家爆炸危险场所安全规定。应严格控制各种点火源，车间内电气设备要防爆，通风良好。易燃易爆设备和部位应安装可燃气体监测报警仪，设置完善的消防设施。

2) 最常用的氯化剂是氯气。在化工生产中，氯气通常液化储存和运输。常用的容器有储罐、气瓶和槽车等。储罐中的液氯进入氯化器之前必须先进入蒸发器使其气化。在一般情况下不能把储存氯气的气瓶或槽车当储罐使用，否则有可能使被氯化的有机物质倒流进气瓶或槽车，引起爆炸。一般情况下，氯化器应装设氯气缓冲罐，以防止氯气断流或压力减小时形成倒流。氯气本身的毒性较大，须避免其泄漏。

3）液氯的蒸发气化装置，一般采用气、水混合作为热源进行升温，加热温度一般不超过 50℃。

4）氯化反应是一个放热过程，氯化反应设备必须具备良好的冷却系统；必须严格控制投料配比、进料速度和反应温度等，必要时应设置自动比例调节装置和自动联锁控制装置。尤其在较高温度下进行氯化，反应更为剧烈。例如在环氧氯丙烷生产中，丙烯预热至 300℃左右进行氯化，反应温度可升至 500℃，在这样的高温下，如果物料泄漏就会造成燃烧或引起爆炸；若反应速度控制不当，正常冷却失效，温度剧烈升高亦可引起事故。

5）反应过程中存在遇水猛烈分解的物料如三氯化磷、三氯氧磷等，不宜用水作为冷却介质。

6）氯化反应几乎都有氯化氢气体生成，因此，所用设备必须防腐蚀，设备应保证严密不漏，且应通过增设吸收和冷却装置除去尾气中的氯化氢。

7. 电解

（1）食盐水电解的危险性分析：

1）氯气泄漏的中毒危险；

2）氢气泄漏及氯氢混合的爆炸危险；

3）杂质、反应产物的分解爆炸危险；

4）碱液灼伤及触电危险。

(2）食盐水电解的安全技术要点：

1）保证盐水质量。盐水中如含有铁杂质，能够产生第二阴极而放出氢气。盐水中带入铵盐，在适宜条件下且 pH 值小于 4.5 时，铵盐和氯作用可生成氯化铵，氯作用于浓氯化铵溶液还可生成黄色、油状的三氯化氮。三氯化氮是一种爆炸性物质，与许多有机物接触或加热至 90℃以上及被撞击，即发生剧烈的分解爆炸。因此，盐水配制必须严格控制质量，尤其是铁、钙、镁和无机铵盐的含量。应尽可能采用盐水纯度自动分析装置，这样可以观察盐水成分的变化，随时调节碳酸钠、苛性钠、氯化钡和丙烯酸铵的用量。

2）盐水高度应适当。在操作中向电解槽的阳极室内添加盐水时，如盐水液面过低，氢气有可能通过阳极网渗入到阳极室内与氯气混合；若电解槽盐水装得过满，在压力下盐水会上涨。因此，盐水添加不可过少或过多，应保持一定的安全高度。采用盐水供应器应间断供给盐水，以避免电流的损失，防止盐水导管被电流腐蚀。

3）阻止氢气与氯气混合。氢气是极易燃烧的气体，氯气是氧化性很强的有毒气体，一旦两种气体混合极易发生爆炸。当氯气中含氢量达到 5%以上，则随时可能在光照或受热情况下发生爆炸。造成氯气和氢气混合的原因主要有：阳极室内盐水液面过低；电解槽氢气的出口堵塞引起阳极室压力升高；电解槽的隔膜吸附质量差；石棉绒质量不好，在安装电解槽时破坏隔膜，造成隔膜局部脱落或者送电前注入的盐水量过大将隔膜冲坏等，这些都可能引起氯气中含氢量增高。此时应对电解槽进行全面检查，将单槽氯含氢浓度以及总管氯含氢浓度控制在规定值内。

4）严格遵守电解设备的安装要求。由于电解过程中有氢气存在，故有着火爆炸的危险。所以电解槽应安装在自然通风良好的单层建筑物内，厂房应有足够的防爆泄压面积。

5）掌握正确的应急处理方法。在生产中，当遇突然停电或其他原因突然停车时，高压阀不能立即关闭，以免电解槽中氯气倒流而发生爆炸。应在电解槽后安装放空管，及时减压，并在高压阀门上安装单向阀，有效地防止跑氯，避免污染环境和带来火灾危险。

8. 聚合

（1）聚合的危险性分析：

1）个体聚合是在没有其他介质的情况下，用浸于冷却剂中的管式聚合釜（或在聚合釜中设盘管、列管冷却）进行的一种聚合方法。如高压下乙烯的聚合，甲醛的聚合等。个体聚合的主要危险性是由于聚合热不易传导散出而导致危险。例如在高压聚乙烯生产中，每聚合1千克乙烯会放出3.8兆焦的热量，倘若这些热能未能及时移去，则每聚合1%的乙烯，即可使釜内温度升高12～13℃，待升到一定温度时，就会使乙烯分解，强烈放热，有发生爆聚的危险。

2）溶液聚合是选择一种溶剂，使单体溶成均相体系，加入催化剂或引发剂后，生成聚合物的一种聚合方法。溶液聚合只适于制造低分子量的聚合体，该聚合体的溶液可直接用作涂料。如氯乙烯在甲醇中聚合，醋酸乙烯酯在醋酸乙酯中聚合。溶液聚合一般在溶剂的回流温度下进行，可以有效地控制反应温度，同时可借助溶剂的蒸发来排散反应热。这种聚合方法的主要危险性是在聚合和分离过程中，易燃溶剂容易挥发和产生静电火花。

3）悬浮聚合是在机械搅拌下用分散剂（如磷酸镁、明胶）使不溶的液态单体和溶于单体中的引发剂分散在水中，悬浮成珠状物而进行聚合的反应，如苯乙烯、甲基丙烯酸甲酯、氯乙烯的聚合等。这种聚合方法若工艺条件控制不好，极易发生溢料，可能导致未聚合的单体和引发剂遇到火源而引发着火和爆炸事故。

4）乳液聚合是在机械搅拌或超声波振动下，用乳化剂（如肥皂）使不溶于水的液态单体在水中被分散成乳液而进行聚合的反应，如丁二烯与苯乙烯的共聚，以及氯乙烯、氯丁二烯的聚合等。乳液聚合常用无机过氧化物（如过氧化氢）作引发剂，聚合速度较快。若过氧化物在水中的配比控制不好，将导致反应速度过快，反应温度太高而发生冲料。同时，在聚合过程中有可燃气体产生。

5）缩合聚合是具有两个或两个以上官能团的单体化合成为聚合物，同时析出低分子副产物的聚合反应。如己二酸、苯二甲酸酐以及甘油缩合聚合生产聚酯，精双酚 A 与碳酸二苯酯缩合聚合生产聚碳酸酯等。缩合聚合是吸热反应，但由于反应温度过高，也会导致系统的压力增加，甚至引起爆裂，泄漏出易燃易爆的单体。

6）聚合物的单体大多是易燃易爆物质，如乙烯、丙烯等。聚合反应又多在高压下进行，因此，单体极易泄漏并引起火灾、爆炸。

7）聚合反应的引发剂为有机过氧化物，其化学性质活泼，对热、震动和摩擦极为敏感，易燃易爆，极易分解。

8）聚合反应多在高压下进行，多为放热反应，反应条件控制不当就会发生爆聚，使反应器压力骤增而发生爆炸。采用过氧化物作为引发剂时，如配料比控制不当就会产生爆聚；高压下乙烯聚合、丁二烯聚合以及氯乙烯聚合具有极大的危险性。

9）聚合的反应热量如不能及时导出，如搅拌发生故障、停电、停水、聚合物粘壁而造成局部过热等，均可使反应器温度迅速增加，导致爆炸事故。

（2）聚合的安全技术要点：

1）反应器的搅拌和温度应有控制和联锁装置，设置反应抑制剂添加系统，出现异常情况时能自动启动抑制剂添加系统，自动停车。高压系统应设爆破片、导爆管等，要有良好的除静电接地系统。

2）严格控制工艺条件，保证设备的正常运转，确保冷却效果，防止爆聚。冷却介质要充足，搅拌装置应可靠，还应采取避免粘壁的措施。

3）控制好过氧化物引发剂在水中的配比，避免冲料。

4）设置可燃气体检测报警仪，以便及时发现单体泄漏，采取对策。

5）特别重视所用溶剂的毒性及燃烧爆炸性，加强对引发剂的管理。电气设备采取防爆措施，消除各种火源。必要时，对聚合装置采取隔离措施。

6）乙烯高压聚合反应，压力为100～300兆帕、温度为150～300℃、停留时间为10秒至数分钟。操作条件下乙烯极不稳定，能分解成碳、甲烷、氢气等。乙烯高压聚合的防火安全措施有：添加反应抑制剂或加装安全阀来防止爆聚反应；采用防粘剂或在设计聚合管时设法在管内周期性地赋予流体以脉冲，防止管路堵塞；设计严密的压力、温度自动控制联锁系统；利用单体或溶剂气化回流及时清除反应热。

7）氯乙烯聚合反应所用的原料除氯乙烯单体外，还有分散剂

（明胶、聚乙烯醇）和引发剂（过氧化二苯甲酰、偶氮二异庚腈、过氧化二碳酸等）。主要安全措施有：采取有效措施及时除去反应热，必须有可靠的搅拌装置；采用加水相阻聚剂或单体水相溶解抑制剂来减少聚合物的粘壁作用，减少人工清釜的次数，减小聚合岗位的毒物危害；聚合釜的温度采用自动控制。

8）丁二烯聚合反应，聚合过程中接触和使用酒精、丁二烯、金属钠等危险物质，不能暴露于空气中；在蒸发器上应备有联锁开关，当输送物料的阀门关闭时（此时管道可能引起爆炸），该联锁装置可将蒸气输入切断；为了控制猛烈反应，应有适当的冷却系统，冷却系统应保持密闭良好，并需严格地控制反应温度；丁二烯聚合釜上应装安全阀，同时连接管安装爆破片，爆破片后再连接一个安全阀；聚合生产系统应配有纯度保持在99.5%以上的氮气保护系统，在危险可能发生时立即向设备充入氮气加以保护。

9. 催化

（1）催化反应的危险性分析：

1）在多相催化反应中，催化作用发生于两相界面及催化剂的表面上，这时温度、压力较难控制。若散热不良、温度控制不好等，很容易发生超温爆炸或着火事故。

2）在催化过程中，若选择催化剂不正确或加入不适量，易形成局部反应剧烈。

3）催化过程中有的产生硫化氢，有中毒和爆炸危险；有的催化过程产生氢气，着火爆炸的危险性更大，尤其在高压下，氢的腐蚀作用可使金属高压容器脆化，从而造成破坏性事故；有的产生氯化氢，氯化氢有腐蚀和中毒危险。

4）原料气中某种杂质含量增加，若能与催化剂发生反应，可能生成危害极大的爆炸危险物。如在乙烯催化氧化合成乙醛的反应中，由于催化剂体系中常含大量的亚铜盐，若原料气中含乙炔过高，则乙炔会与亚铜反应生成乙炔铜。乙炔铜为红色沉淀，自燃点260～270℃，是一种极敏感的爆炸物，干燥状态下极易爆炸；在空气作用下易氧化成暗黑色，并易于起火。

（2）常见催化反应的安全技术要点：

1）催化加氢反应一般是在高压下有固相催化剂存在的条件下进行的，这类过程的主要危险性有：由于原料及成品（氢气、氨、一氧化碳等）大都易燃、易爆、有毒，高压反应设备及管道易受到腐蚀，操作不当亦会导致事故，因此，需特别注意防止压缩工段的氢气在高压下泄漏，产生爆炸。为了防止因高压致使设备损坏，造成氢气泄漏达到爆炸浓度，应有充足的备用蒸气或惰性气体，以便应急。室内通风应当良好，宜采用天窗排气；冷却机器和设备用水不得含有腐蚀性物质；在开车或检修设备、管线之前，必须用氮气进行吹扫，吹扫气体应当排至室外，以防止窒息或中毒；由于停电或无水而停车的系统，应保持余压，以免空气进入系统。无论在什么情况下，对处于压力下的设备不得进行拆卸检修。

2）催化裂化在生产过程中主要由反应再生系统、分馏系统以及吸收稳定系统三个系统组成，这三个系统是紧密相连、相互影响的整体。在反应器和再生器间，催化剂悬浮在气流中，整个床层温度应保持均匀，避免局部过热造成事故。两器压差保持稳定，是催化裂化反应中最主要的安全问题，两器压差一定不能超过规定的范围，目的就是要使两器之间的催化剂沿一定方向流动，避免倒流，造成油气与空气混合发生爆炸；可降温循环用水应充足，应备有单独的供水系统。若系统压力上升较高，必要时可启动气压放空火炬，维持系统压力平衡；催化裂化装置关键设备应当备有两路以上的供电，当其中一路停电时，另一路能在几秒钟内自动合闸送电，保持装置的正常运行。

3）催化重整所用的催化剂有钼铬铝催化剂、铂催化剂、镍催化剂等。在装卸催化剂时，要防破碎和污染，未再生的含碳催化剂卸出时，要预防自燃超温烧坏；加热炉是热的来源，在催化剂重整过程中，加热炉的安全和稳定性非常重要，应采用温度自动调节系统；催化重整装置中，对于重要工艺参数，如温度压力、流量、液位等均应采用安全报警，必要时采用联锁保护装置。

三、化学单元操作危险性分析

1. 物料输送

在化工生产过程中，经常需将各种原材料、中间体、产品以及副产品和废弃物，由前一个工序输往后一个工序，或由一个车间输往另一个车间，或者输往储运地点，这些输送过程就是物料输送。

（1）固体块状物料和粉状物料输送。块状物料与粉状物料的输送，在实际生产中多采用皮带输送机、螺旋输送器、刮板输送机、链斗输送机、斗式提升机以及气力输送（风送）等形式。

1）皮带、刮板、链斗、螺旋、斗式提升机，这类输送设备连续往返运转，可连续加料，连续卸载。存在的危险性主要有设备本身发生故障以及由此造成的人身伤害。

2）气力输送即风力输送，它主要凭借真空泵或风机产生的气流动力以实现物料输送，常用于粉状物料的输送。气力输送系统除设备本身因故障损坏外，最大的安全问题是系统的堵塞和由静电引起的粉尘爆炸。

(2) 液态物料输送。化工生产中被输送的液态物料种类繁多，性质各异，温度、压力又有高低之分，因此，所用泵的种类较多，通常可分为离心泵、往复泵、旋转泵（齿轮泵、螺杆泵）、流体作用泵等四类。

1）离心泵的安全要点：避免物料泄漏引发事故；避免空气吸入导致爆炸；防止静电引起燃烧；避免轴承过热引起燃烧；防止绞伤。

2）往复泵和旋转泵均属于正位移泵，开车时必须将出口阀门打开，严禁采用关闭出口管路阀门的方法进行流量调节，否则，将使泵内压力急剧升高，引发爆炸事故。一般采用安装回流支路进行流量调节。

3）流体作用泵是依靠压缩气体的压力或运动着的流体本身进行流体的输送，如常见的酸蛋、空气升液器、喷射泵。这类泵无活动部件且结构简单，在化工生产中有着特殊的用途，常用于输送腐蚀性流体。

酸蛋、空气升液器等是以空气为动力的设备，必须有足够的耐压强度，必须有良好的接地装置。输送易燃液体时，不能采用压缩空气压送，要用氮、二氧化碳等惰性气体代替空气，以防止空气与易燃液体的蒸气形成爆炸性混合物，遇火源造成爆炸事故。

(3) 气体物料输送。气体与液体不同之处是具有可压缩性，因此，在其输送过程中当气体压强发生变化，其体积和温度也随之变化。对气体物料的输送必须特别重视在操作条件下气体的燃烧爆炸危险。

1）保持通风机和鼓风机转动部件的防护罩完好，避免人身伤害事故；必要时安装消音装置，避免通风机和鼓风机噪声对人体造成伤害。

2）压缩机应保证散热良好；严防泄漏；严禁空气与易燃性气体在压缩机内形成爆炸性混合物；防止静电；预防禁忌物的接触；避免操作失误。

3）真空泵应严格密封；输送易燃气体时，尽可能采用液环式真空泵。

2. 加热

加热指将热能传给较冷物体而使其变热的过程。加热是促进化学反应和完成蒸馏、蒸发、干燥、熔融等单元操作的必要手段。加热的方法一般有直接火加热、水蒸气或热水加热、载体加热以及电加热等。

（1）直接火加热的主要危险性。利用直接火加热处理易燃、易爆物质时，危险性非常大，温度不易控制，可能造成局部过热烧坏设备。由于加热不均匀易引起易燃液体蒸气的燃烧爆炸，所以在处理易燃易爆物质时，一般不采用此方法。但由于生产工艺的需要亦可能采用，操作时必须注意安全。

（2）水蒸气、热水加热。利用水蒸气、热水加热易燃、易爆物质相对比较安全，存在的主要危险在于设备或管道超压爆炸，升温过快引发事故。

（3）载体加热。无论采用哪一类载体进行加热，都具有一定的危险性。载体加热的主要危险性在于载热体物质本身的危险特性，在操作中必须予以充分重视。

1）油类作载体加热时，若用直接火通过充油夹套进行加热，且在设备内处理有燃烧、爆炸危险的物质，则需将加热炉门与反应设备用砖墙隔绝，或将加热炉设于车间外面，将热油输送到需要加热的设备内循环使用。油循环系统应严格密闭，不准热油泄漏，要定期检查和清除油锅、油管上的沉积物。

2）使用二苯混合物作载体加热时，特别注意不得混入低沸点杂质（如水等），也不准混入易燃易爆杂质，否则在升温过程中极易产生爆炸危险。因此必须杜绝加热设备内胆或加热夹套内水的渗漏，在加热系统进行水压试验、检修清洗时严禁混入水。要妥善存放二苯混合物，严禁混入杂质。

3）使用无机物作为载体加热时，操作时特别注意在熔融的硝酸盐浴中，如加热温度过高，或硝酸盐漏入加热炉燃烧室中，或有机物落入硝酸盐浴内，均能发生燃烧或爆炸。水、酸类物质流入高温盐浴或金属浴中，会产生爆炸危险。采用金属浴加热，操作时还应防止金属蒸气对人体的危害。

（4）电加热。电加热的主要危险是电炉丝绝缘受到破坏，受潮后线路的短路以及接点不良而产生电火花电弧，电线发热等引燃物料，物料过热分解产生爆炸。

3. 冷却、冷凝与冷冻

（1）冷却、冷凝：

1）冷却指使热物体的温度降低而不发生相变化的过程；冷凝则指使热物体的温度降低而发生相变化的过程，通常指物质从气态变成液态的过程。

在化工生产中，实现冷却、冷凝的设备通常是间壁式换热器，常用的冷却、冷凝介质是冷水、盐水等。一般情况，冷水所达到的冷却效果不低于0℃；浓度为20%盐水的冷却效果为0～－15℃。

2）严格检查冷却设备的密闭性，不允许物料蹿入冷却剂中，也不允许冷却剂蹿入被冷却的物料中（特别是酸性气体）。

3）冷却操作时，冷却介质不能中断，否则会造成热量积聚，系统温度压力骤增，引起爆炸。开车前首先清除冷凝器中的积液，然后通入冷却介质，最后通入高温物料。停车时，应首先停止通入被冷却的高温物料，再关闭冷却系统。

4）有些凝固点较高的物料，被冷却后变得黏稠甚至凝固，在冷却时要注意控制温度，防止物料卡住搅拌器或堵塞设备及管道，造成事故。

（2）冷冻：

1）冷冻指将物料的温度降到比周围环境温度更低的操作。冷冻操作的实质是借助于某种冷冻剂（如氟利昂、氨、乙烯、丙烯等）蒸发或膨胀时直接或间接地从需要冷冻的物料中取走热量来实现的。适当选择冷冻剂和操作过程，可以获得由摄氏零度至接近于绝对零度的任何程度的冷冻。凡冷冻温度范围在－100℃以内的称一般冷冻（冷冻），而冷冻温度范围在－100℃以下的则称为深度冷冻（深冷）。在化工生产中，通常采用冷冻盐水（氯化钠、氯化钙、氯化镁等盐类的水溶液）间接制冷。

2）某些冷冻剂易燃且有毒，应防止制冷剂泄漏。

3）制冷系统压缩机、冷凝器、蒸发器以及管路，应有足够的耐压程度且气密性良好，防止设备、管路裂纹、泄漏。同时要加强安全阀、压力表等安全装置的检查、维护。

4）制冷系统因发生事故或停电而紧急停车，应注意其对被冷冻物料的排空处理。

4. 粉碎与筛分

(1) 粉碎。通常将大块物料变成小块物料的操作称为破碎，将小块物料变成粉末的操作称为研磨。

粉碎操作最大的危险性是可燃粉尘与空气形成爆炸性混合物，遇点火源发生粉尘爆炸事故，操作时室内通风良好，以减少粉尘含量。

(2) 筛分。用具有不同尺寸筛孔的筛子将固体物料依照所规定的颗粒大小分开的操作称为筛分。通过筛分将固体颗按照粒度（块度）大小分级，选取符合工艺要求的粒度。

筛分最大的危险性是可燃粉尘与空气形成爆炸性混合物，遇点火源发生粉尘爆炸事故。在筛分操作过程中，粉尘如具有可燃性，须注意因碰撞和静电而引起燃烧、爆炸。粉尘具有毒性、吸水性或腐蚀性，须注意呼吸器官及皮肤的保护，以防引起中毒或皮肤伤害。

5. 熔融与混合

(1) 熔融是将固体物料通过加热使其熔化为液态的操作。如将氢氧化钠、氢氧化钾、萘、磺酸钠等熔融之后进行化学反应；将沥青、石蜡和松香等熔融之后便于使用和加工。熔融温度一般为 150～350℃，可采用烟道气、油浴或金属浴加热。

1) 碱和磺酸盐中若含有无机盐杂质，应尽量除去，否则，杂质不熔融，呈块状残留于熔融物内，妨碍熔融物的混合，并能使其局部过热、烧焦，致使熔融物喷出烧伤操作人员，因此，必须经常消除锅垢。

2) 进行熔融操作时，加料量应适宜，盛装量一般不超过设备容量的三分之二，并在熔融设备的台子上设置防溢装置，防止物料溢出与明火接触发生火灾。

3）熔融过程中必须不间断地搅拌，使其加热均匀，以免局部过热、烧焦，导致熔融物喷出，造成烧伤。

（2）混合是指用机械或其他方法使两种或多种物料相互分散而达到均匀状态的操作，包括液体与液体的混合、固体与液体的混合、固体与固体的混合。用于液态的混合装置有机械搅拌、气流搅拌等。

混合操作是一个比较危险的过程。易燃液态物料在混合过程中发生蒸发，产生大量可燃蒸气，若泄漏，将与空气形成爆炸性混合物；易燃粉状物料在混合过程中极易造成粉尘漂浮而导致粉尘爆炸。对强放热的混合过程，若操作不当也具有极大的火灾爆炸危险。

1）混合易燃、易爆或有毒物料时，混合设备应很好地密闭，并通入惰性气体进行保护。

2）混合可燃物料时，设备应很好地接地，以导除静电，并在设备上安装爆破片。

3）混合过程中物料放热时，搅拌不可中途停止，否则，会导致物料局部过热，可能产生爆炸。

6. 蒸发

蒸发是借加热作用使溶液中的溶剂不断气化，以提高溶液中溶质的浓度，或使溶质析出的物理过程。蒸发按其操作压力不同可分为常压、加压和减压蒸发。例如，氯碱工业中的碱液提浓，海水的淡化等。蒸发过程实际上就是一个传热过程。

被蒸发的溶液，也都具有一定的特性。如溶质在浓缩过程中可能有结晶、沉淀和污垢生成。这些将导致传热效率的降低，并产生局部过热，促使物料分解、燃烧和爆炸。因此，需对加热部分经常清洗。

对热敏性物料的蒸发，须考虑温度控制问题。为防止热敏性物料的分解，可采用真空蒸发，以降低蒸发温度，或者尽量缩短溶液在蒸发器内停留的时间和与加热面接触的时间，可采用单程型蒸发器。

7. 干燥

干燥是利用干燥介质所提供的热能除去固体物料中的水分（或其他溶剂）的单元操作。干燥所用的干燥介质有空气、烟道气、氮气或其他惰性介质。

干燥过程的主要危险有干燥温度、时间控制不当，造成物料分解爆炸，以及操作过程中散发出来的易燃易爆气体或粉尘与点火源接触而产生燃烧爆炸等。因此干燥过程的安全技术主要在于严格控制温度、时间及点火源。

8. 蒸馏

蒸馏是利用均相液态混合物中各组分挥发度的差异，使混合液中各组分得以分离的操作。通过塔釜的加热和塔顶的回流实现多次部分气化、多次部分冷凝，气液两相在传热的同时进行传质，使气相中的易挥发组分的浓度从塔底向上逐渐增加，使液相中的难挥发组分的浓度从塔顶向下逐渐增加。

蒸馏操作可分为间歇蒸馏和连续精馏。对挥发度差异大、容易分离或产品纯度要求不高时，通常采用间歇蒸馏；对挥发度接近、难于分离或产品纯度要求较高时，通常采用连续精馏。间歇蒸馏所用的设备为简单蒸馏塔。连续精馏采用的设备种类较多，主要有填料塔和板式塔两类。根据物料的特性，可选用不同材质和形状的填料，选用不同类型的塔板。塔釜的加热方式可以是直接火加热、水蒸气直接加热、蛇管、夹套及电感加热等。

蒸馏按操作压力又可分为常压蒸馏、减压蒸馏和加压蒸馏。处理中等挥发性（沸点为 100℃左右）物料时，采用常压蒸馏较为适宜；处理低沸点（沸点低于 30℃）物料时，采用加压蒸馏较为适宜；处理高沸点（沸点高于 150℃）物料时、易发生分解、聚合及热敏性物料，则应采用真空蒸馏。

蒸馏涉及加热、冷凝、冷却等单元操作，是一个比较复杂的过程，其危险性较大。蒸馏过程的主要危险性有：易燃液体蒸气与空气形成爆炸性混合物遇点火源发生爆炸；塔釜复杂的残留物在高温下发生热分解、自聚及自燃；物料中微量的不稳定杂质在塔内局部被蒸发变浓后分解爆炸，低沸点杂质进入蒸馏塔后瞬间产生大量蒸气造成设备压力骤然升高而发生爆炸；设备因腐蚀泄漏引发火灾、因物料结垢造成塔盘及管道堵塞发生超压爆炸；蒸馏温度控制不当，有液泛、冲料、过热分解、超压、自燃及淹塔的危险；加料量控制不当，有沸溢的危险，同时造成塔顶冷凝器负荷不足，使未冷凝的蒸气进入产品受槽后，因超压发生爆炸；回流量控制不当，造成蒸馏温度偏离正常，同时出现淹塔使操作失控，造成出口管堵塞发生爆炸。

第六节　危险化学品的储存与经营

一、危险化学品的储存

储存是化学品流通过程中非常重要的一个环节，处理不当，就会造成事故。为了加强对危险化学品的管理，国家制定了一系列法规和标准，对危险化学品储存养护技术条件、审批制度、安全储存都提出了具体要求。

1. 危险化学品储存的定义

储存是指产品在离开生产领域而尚未进入消费领域之前，在流通过程中形成的一种停留。生产、经营、储存、使用危险化学品的企业都存在危险化学品的储存问题。

危险化学品的储存根据物质的理化性质和储存量的多少分为整装储存和散装储存两类。

整装储存是将物品装于小型容器或包件中储存，如各种瓶装、袋装、桶装、箱装或钢瓶装的物品。这种储存方法存放的品种多，物品的性质复杂，比较难管理。

散装储存是指物品不带外包装的净货储存，量比较大，设备、技术条件比较复杂，如有机液体危险化学品甲醇、苯、乙苯、汽油等，一旦发生事故难以施救。

无论整装储存还是散装储存都潜在有很大的危险，所以，经营、储存保管人员必须用科学的态度从严管理，万万不能马虎从事。

2. 危险化学品储存的要求和条件

（1）危险化学品储存的审批制度。《危险化学品安全管理条例》第七条规定，国家对危险化学品的生产和储存实行统一规划、合理布局和严格控制，并对危险化学品生产、储存实行审批制度；未经审批，任何单位和个人都不得生产、储存危险化学品。

设区的市级人民政府根据当地经济发展的实际需要，在编制总体规划时，应当按照确保安全的原则规划适当区域专门用于危险化学品的生产、储存。

《危险化学品安全管理条例》第十条规定，除运输工具加油站、加气站外，危险化学品的生产装置和储存数量构成重大危险源的储存设施，与居民区、商业中心、公园等人口密集区域；学校、医院、影剧院、体育场（馆）等公共设施；供水水源、水厂及水源保护区；车站、码头（按照国家规定，经批准，专门从事危险化学品装卸作业的除外）、机场以及公路、铁路、水路交通干线、地铁风亭及出入口；基本农田保护区、畜牧区、渔业水域和种子、种畜、水产苗种生产基地；河流、湖泊、风景名胜区和自然保护区；军事禁区、军事管理区和法律、行政法规规定予以保护的其他区域的距离必须符合国家标准或者国家有关规定。

已建危险化学品的生产装置和储存数量构成重大危险源的储存设施不符合前款规定的，由所在地设区的市级人民政府负责危险化学品安全监督管理综合工作的部门监督其在规定期限内进行整顿；需要转产、停产、搬迁、关闭的，报本级人民政府批准后实施。

危险化学品储存的审批条件在《危险化学品安全管理条例》第八条明确规定危险化学品生产、储存企业，必须具备下列条件：

1）有符合国家标准的生产工艺、设备或者储存方式、设施；

2）工厂、仓库的周边防护距离符合国家标准或者国家有关规定；

3）有符合生产或者储存需要的管理人员和技术人员；

4）有健全的安全管理制度；

5）符合法律、法规规定和国家标准要求的其他条件。

申请和审批程序在《危险化学品安全管理条例》第九条和第十一条有明确的规定。

（2）危险化学品储存的基本要求：

1）危险化学品的储存必须遵照国家法律、法规和其他有关的规定。

2）危险化学品必须储存在经有关部门批准设置的专门的危险化学品仓库中，经销部门自管仓库储存危险化学品及储存数量必须经有关部门批准。未经批准不得随意设置危险化学品储存仓库。

3）危险化学品露天堆放，应符合防火、防爆的安全要求，爆炸物品、一级易燃物品、遇湿燃烧物品、剧毒物品不得露天堆放。

4）储存危险化学品的仓库必须配备有专业知识的技术人员，其库房及场所应设专人管理，同时必须配备可靠的个人防护用品。

5）储存危险化学品分类可按爆炸品、压缩气体和液化气体、易燃液体、易爆固体、自燃物品和遇湿易燃物品、氧化剂和有机过氧化物、毒害品、放射性物品、腐蚀品等分类。

6）储存危险化学品应有明显的标志，标志应符合《危险货物包装标志》（GB 190—1990）的规定。如同一区域储存两种以上不同级别的危险品时，应按最高等级危险物品的性能标示。

7）储存危险化学品应根据危险品性能分区、分类、分库储存。各类危险品不得与禁忌物料混合储存。

8）储存危险化学品的建筑物、区域内严禁吸烟和使用明火。

（3）危险化学品储存条件。危险化学品储存条件按照易燃易爆物品、腐蚀性物品和毒害性物品三类分别介绍。

1）易燃易爆物品储存应按表 2—3 规定分类储存。其储存的库房，应冬暖夏凉、干燥、易于通风、密封和避光。爆炸品宜储存于一级轻顶耐火建筑的库房内；低、中闪点液体、一级易燃固体、自燃物品、压缩气体和液化气体类宜储存于一级耐火建筑的库房内；遇湿易燃物品、氧化剂和有机过氧化物可储存于一、二级耐火建筑的库房内；二级易燃固体、高闪点液体可储存于耐火等级不低于三级的库房内。

库房环境卫生应无杂草和易燃物；库房内清洁，地面无漏撒物品，保持地面与货垛清洁卫生。

表 2—3　　化学危险物品混存性能互抵表

化学危险物品分类	小类	爆炸性物品				氧化剂				压缩气体和液化气体				自燃物品		遇水燃烧物品		易燃液体		易燃固体		毒害性物品				腐蚀性物品 酸性		腐蚀性物品 碱性		放射性物品
		点火器材	起爆器材	爆炸及爆炸性药品	其他爆炸品	一级无机	一级有机	二级无机	二级有机	剧毒	易燃	助燃	不燃	一级	二级	一级	二级	一级	二级	一级	二级	剧毒无机	剧毒有机	有毒无机	有毒有机	无机	有机	无机	有机	
爆炸性物品	点火器材	○																												
	起爆器材	○	○																											
	爆炸及爆炸性药品	○	×	○																										
	其他爆炸品	○	×	×	○																									
氧化剂	一级无机	×	×	×	×	①																								
	一级有机	×	×	×	×	×	○																							
	二级无机	×	×	×	×	○	×	②																						
	二级有机	×	×	×	×	×	○	×	○																					
压缩气体和液化气体	剧毒（液氨和液氯有抵触）	×	×	×	×	×	×	×	×	○																				
	易燃	×	×	×	×	×	×	×	×	×	○																			
	助燃	×	×	×	×	×	×	分	×	○	×	○																		
	不燃	×	×	×	×	分	消	分	分	○	○	○	○																	
自燃物品	一级	×	×	×	×	×	×	×	×	×	×	×	×	×																
	二级	×	×	×	×	×	×	×	×	×	×	×	×	×	○															
遇水燃烧物品	一级	×	×	×	×	×	×	×	×	×	×	×	×	×	×	○														
	二级	×	×	×	×	×	×	×	×	消	×	×	消	×	消	×	○													

续表

化学危险物品分类	小类	爆炸性物品				氧化剂				压缩气体和液化气体				自燃物品		遇水燃烧物品		易燃液体		易燃固体		毒害性物品				腐蚀性物品 酸性		腐蚀性物品 碱性		放射性物品
		点火器材	起爆器材	爆炸及爆炸性药品	其他爆炸品	一级无机	一级有机	二级无机	二级有机	剧毒	易燃	助燃	不燃	一级	二级	一级	二级	一级	二级	一级	二级	剧毒无机	剧毒有机	有毒无机	有毒有机	无机	有机	无机	有机	
易燃液体	一级	×	×	×	×	×	×	×	×	×	×	×	×	×	×	×	×	○												
	二级	×	×	×	×	×	×	×	×	×	×	×	×	×	×	×	×	○	○											
易燃固体	一级	×	×	×	×	×	×	×	×	×	×	×	×	×	×	×	×	消	消	○										
	二级	×	×	×	×	×	×	×	×	×	×	×	×	×	×	×	×	消	消	○	○									
毒害性物品	剧毒无机	×	×	×	×	分	×	分	消	分	分	分	分	×	分	消	消	消	消	分	分	○								
	剧毒有机	×	×	×	×	×	×	×	×	×	×	×	×	×	×	×	×	×	×	×	×	○	○							
	有毒无机	×	×	×	×	分	×	分	分	分	分	分	分	×	分	消	消	消	消	分	分	○	○	○						
	有毒有机	×	×	×	×	×	×	×	×	×	×	×	×	×	×	×	×	分	分	消	消	○	○	○	○					
腐蚀性物品 酸性	无机	×	×	×	×	×	×	×	×	×	×	×	×	×	×	×	×	×	×	×	×	×	×	×	×	○				
	有机	×	×	×	×	×	×	×	×	×	×	×	×	×	×	×	×	消	消	×	×	×	×	×	×	×	○			
腐蚀性物品 碱性	无机	×	×	×	×	分	消	分	消	分	分	分	分	分	分	消	消	消	消	分	分	×	×	×	×	×	×	○		
	有机	×	×	×	×	×	×	×	×	×	×	×	×	×	×	×	×	消	消	消	消	×	×	×	×	×	×	○	○	
放射性物品		×	×	×	×	×	×	×	×	×	×	×	×	×	×	×	×	×	×	×	×	×	×	×	×	×	×	×	×	○

说明：

“○”符号表示可以混存；

“×”符号表示不可以混存；

“分”指应按化学危险品的分类进行分区分类储存。如果物品不多或仓位不够时，因其性能并不互相抵触，也可以混存；

“消”指两种物品性能并不互相抵触，但消防施救方法不同，条件许可时最好分存；

①说明过氧化钠等过氧化物不宜和无机氧化剂混存。

②说明具有还原性的亚硝酸钠等亚硝酸盐类，不宜和其他无机氧化剂混存。

凡混存物品，货垛与货垛之间，必须留有1米以上的距离，并要求包装容器完整，不使两种物品发生接触。

2）腐蚀性物品储存库房应是阴凉、干燥、通风、避光的防火建筑，建筑材料最好经过防腐蚀处理。

储存发烟硝酸、溴素、高氯酸的库房应是低温、干燥、通风的一、二级耐火建筑。溴氢酸、碘氢酸要避光储存。

库房环境卫生应无杂物，易燃物应及时清理，排水沟畅通；房内地面、门窗、货架应经常打扫，保持清洁。

3）毒害性物品储存库房结构完整、干燥、通风良好。机械通风排毒要有必要的安全防护措施，库房耐火等级不低于二级。

库区和库房内要经常保持整洁。对散落的毒品、易燃、可燃物品和库区的杂草及时清除。用过的工作服、手套等用品必须放在库外安全地点，妥善保管或及时处理。更换储存毒品品种时，要将库房清扫干净。

3. 危险化学品储存安排

(1) 危险化学品储存方式。危险化学品储存方式分为三种：隔离储存、隔开储存和分离储存。

隔离储存是指在同一房间同一区域内，不同的物料之间分开一定距离，非禁忌物料间用通道保持空间的储存方式。

隔开储存是指在同一建筑或同一区域内，用隔板或墙将其与禁忌物料分离开的储存方式。

分离储存是指在不同建筑物或远离所有建筑的外部区域内的储存方式。

(2) 危险化学品堆垛：

1）易燃易爆性物品堆垛应根据库房条件、商品性质和包装形态采取适当的堆码和垫底方法。

各种物品不允许直接落地存放。根据库房地势高低，一般应垫高15厘米以上。遇湿易燃物品、易吸潮溶化和吸潮分解的商品应根据情况加大下垫高度。

各种物品应码行列式压缝货垛，做到牢固、整齐、美观，出入库方便，一般垛高不超过3米。

2）腐蚀性物品堆垛在库房、货棚或露天货场储存的物品，货垛应有隔潮设施，库房一般不低于15厘米，货场不低于30厘米。

根据物品性质、包装规格采用适当的堆垛方法，要求货垛整齐，堆码牢固，数量准确，禁止倒置。

按出厂先后或批号分别堆码。堆垛高度在1.5～3.5米。

3）毒害性物品不得就地堆码，货垛下应有隔潮设施，垛底一般不低于15厘米。一般性可堆存大垛，挥发性液体毒品不宜堆大垛，可堆存行列式。要求货垛牢固、整齐、美观，垛高不超过3米。

(3) 危险化学品储存安排：

1）危险化学品储存安排取决于危险化学品分类、分项、容器类型、储存方式和消防的要求。

2）储存量及储存安排见表2—4。

表2—4　储存量及储存安排

储存要求＼储存类别	露天储存	隔离储存	隔开储存	分离储存
平均单位面积储存量/(吨/平方米)	1.0～1.5	0.5	0.7	0.7

续表

储存要求 \ 储存类别	露天储存	隔离储存	隔开储存	分离储存
单一储存区最大储量/吨	2 000～2 400	200～300	200～300	400～600
垛距限制/米	2	0.3～0.5	0.3～0.5	0.3～0.5
通道宽度/米	4～6	1～2	1～2	5
墙距宽度/米	2	0.3～0.5	0.3～0.5	0.3～0.5
与禁忌品距离/米	10	不得同库储存	不得同库储存	7～10

3）遇火、遇热、遇潮能引起燃烧、爆炸或发生化学反应，产生有毒气体的危险化学品不得在露天或在潮湿、积水的建筑物中储存。

4）受日光照射能发生化学反应引起燃烧、爆炸、分解、化合或能产生有毒气体的危险化学品应储存在一级建筑物中，其包装应采取避光措施。

5）爆炸物品不准和其他类物品同储，必须单独隔离限量储存，仓库不准建在城镇，还应与周围建筑、交通干道、输电线路保持一定安全距离。

6）压缩气体和液化气体必须与爆炸物品、氧化剂、易燃物品、自燃物品、腐蚀性物品隔离储存。易燃气体不得与助燃气体、剧毒气体同储；氧气不得与油脂混合储存，盛装液化气体的容器属压力容器的，必须有压力表、安全阀、紧急切断装置，并定期检查，不得超装。

7）易燃液体、遇湿易燃物品、易燃固体不得与氧化剂混合储存，具有还原性的氧化剂应单独存放。

8）有毒物品应储存在阴凉、通风、干燥的场所，不要露天存放，不要接近酸类物质。

9）腐蚀性物品包装必须严密，不允许泄漏，严禁与液化气体和其他物品共存。

4. 危险化学品出入库管理

危险化学品出入库必须严格按照出入库管理制度进行，同时对进入库区的车辆，装卸、搬运物品都应根据危险化学品性质按规定进行。

(1) 入库要求：

1）入库商品必须附有生产许可证和产品检验合格证，进口商品必须附有中文安全技术说明书或其他说明。

2）商品性状、理化常数应符合产品标准，由存货方负责检验。

3）保管方对商品外观、内外标志、容器包装及衬垫进行感官检验，验收后作出验收记录。

4）验收在库外安全地点或验收室进行。

5）每种商品拆箱验收 2～5 箱（免检商品除外），发现问题的扩大验收比例，验收后将商品包装复原，并做标记。

(2) 出库要求：

1）保管员发货必须以手续齐全的发货凭证为依据。

2）按生产日期和批号顺序先进先出。

3）对毒害性物品还应执行双锁、双人复核制发放，详细记录以备查用。

(3) 其他要求：

1）进入危险化学品储存区域的人员、机动车辆和作业车辆，必须采取防火措施。

2）装卸、搬运危险化学品时应按有关规定进行，做到轻装、轻卸，严禁摔、碰、撞、击、拖拉、倾倒和滚动。

3）装卸对人身有毒害及腐蚀性的物品时，操作人员应根据危险性，穿戴相应的防护用品。

4）不得用同一车辆运输互为禁忌的物料。

5）修补、换装、清扫、装卸易燃易爆物料时，应使用不产生火花的铜制、合金制或其他工具。

二、危险性化学品的经营

《危险化学品安全管理条例》第二十七条规定，国家对危险化学品经营销售实行许可制度。未经许可，任何单位和个人都不得经营销售危险化学品。

《危险化学品安全管理条例》明确危险化学品经营许可证的发证主体与以前有了根本的调整。《危险化学品安全管理条例》第二十九条明确危险化学品许可证的发证主体为省、自治区、直辖市人民政府经济贸易管理部门，或者设区的市级人民政府负责危险化学品安全监督管理综合工作的部门。

《危险化学品安全管理条例》规定了危险化学品经营许可证的发证程序。

一是申请，经营剧毒化学品和其他危险化学品的，应当分别向省、自治区、直辖市人民政府经济贸易管理部门或者设区的市级人民政府负责危险化学品安全监督管理的综合工作部门提出申请，并附送《危险化学品安全管理条例》第二十八条规定的危险化学品经营企业必须具备条件的相关证明材料。

二是审查，省、自治区、直辖市人民政府经济贸易管理部门或者设区的市级人民政府负责危险化学品安全监督管理的综合工作部门接到申请后，依照《危险化学品安全管理条例》的规定对申请人提交的证明材料和经营场所进行审查。

三是颁证，经审查符合条件的，颁发危险化学品经营许可证，并将颁布危险化学品经营许可证的情况通报同级公安部门和环境保护部门；对不符合条件的，书面通知申请人并说明理由。

四是申请人凭危险化学品经营许可证向工商行政管理部门办理登记注册手续。

1. 经营条件

《危险化学品安全管理条例》第二十八规定，危险化学品经营企业，必须具备下列条件：

（1）经营场所和储存设施符合国家标准。《危险化学品经营企业开业条件和技术要求》（GB 18265—2000）规定：

1）危险化学品经营企业的经营场所应坐落在交通便利、便于疏散处；

2）危险化学品经营企业的经营场所的建筑物应符合《建筑设计防火规范》（GB 50016—2006）的要求；

3）从事危险化学品批发业务的企业应将危险化学品存放在经政府管理部门批准的专用危险化学品仓库（自有或租用）。所经营的危险化学品不得存放在业务经营场所。

4）零售业务的店面应与繁华商业区或居住人口稠密区保持 500 米以上距离。

5）零售业务的店面经营面积（不含库房）应不少于 60 平方米，其店面内不得有生活设施。

6）零售业务的店面内只许存放民用小包装的危险化学品，其存放总量不得超过1吨。

7）零售业务的店面内危险化学品的摆放应布局合理，禁忌物料不能混放。综合性商场（含建材市场）所经营的危险化学品应有专柜存放。

8）零售业务的店面与存放危险化学品的库房（或罩棚）应有实墙相隔，单一品种存放量不能超过500千克，总质量不能超过2吨。

9）零售店面备货库房应根据危险化学品的性质与禁忌分别采用隔离储存或隔开储存或分离储存等不同方式进行储存。

（2）主管人员和业务人员经过专业培训，并取得上岗资格。

《安全生产法》第十九条规定，矿山、建筑施工单位和危险物品的生产、经营、储存单位，应当设置安全生产管理机构或者配置专职安全生产管理人员。

《安全生产法》第二十条规定，生产经营单位的主要负责人和安全生产管理人员必须具备与本单位所从事的生产经营活动相应的安全生产知识和管理能力。

危险物品的生产、经营、储存单位以及矿山、建筑施工单位的主要负责人和安全生产管理人员，应当由有关主管部门对其安全生产知识和管理能力考核合格后方可任职。

《危险化学品经营企业开业条件和技术要求》（GB 18265—2000）对危险化学品经营单位负责人的条件作出了具体规定：危险化学品经营企业的法定代表人或经理应经过国家授权部门的专业培训，取得合格证书后方能从事经营活动。对业务经营人员的从业条件作了具体规定：企业业务经营人员应经国家授权部门专业培训，取得合格证书后方能上岗。

（3）有健全的安全管理制度。一般要有危险化学品购销管理制度；剧毒物品购销管理制度；危险化学品经营手续环节交接责任管理制度；危险化学品运输管理制度；经营人员岗位责任制；商品储存保管管理制度等。

（4）符合法律、法规规定和国家标准要求的其他条件。《安全生产法》第三十四条规定，生产、经营、储存、使用危险物品的车间、商店，仓库不得与员工宿舍在同一座建筑物内，并应当与员工宿舍保持安全距离。

生产经营场所和员工宿舍应当设有符合紧急疏散要求、标志明显、保持畅通的出口。禁止封闭、堵塞生产经营场所或者员工宿舍的门口。

《危险化学品经营企业开业条件和技术要求》（GB 18265—2000）明确零售业务的范围：零售业务只许经营除爆炸品，放射性物品、剧毒物品以外的危险化学品。

1）零售业务的店面内显著位置应设有“禁止明火”等警示标志。

2）零售业务的店面内应放置有效的消防、急救安全设施。

3）零售业务的店面备货库应报公安、消防部门批准。

4）运输危险化学品的车辆应专车专用（按《危险化学品安全管理条例》只能委托有危险化学品运输资质的运输企业承运），并有明显标志。

《危险化学品安全管理条例》第三十条对危险化学品经营作了规定，经营危险化学品，不得有下列行为：

1）从未取得危险化学品生产许可证或者危险化学品经营许可证的企业采购危险化学品；

2）经营国家明令禁止的危险化学品和用剧毒化学品生产的灭鼠药以及其他可能进入人民日常生活的化学产品和日用化学品；

3）销售没有化学品安全技术说明书和化学品安全标签的危险化学品。

危险化学品生产企业不得向未取得危险化学品经营许可证的单位或者个人销售危险化学品；危险化学品经营单位储存危险化学品，应当遵守《危险化学品安全管理条例》第二章的有关规定。危险化学品商店内只能存放民用小包装的危险化学品，其总量不得超过国家规定的限量。

2. 剧毒化学品的经营

经营剧毒化学品的企业要申领剧毒化学品经营许可证。经营剧毒品要设专人，并经过专业培训。剧毒品的经营人员要了解所经营的剧毒品的具体性质；了解其主要用途；了解防护措施；了解剧毒品经营、储存、运输的有关规定；严格认真执行岗位职责。

（1）购买剧毒化学品应遵守的规定。《危险化学品安全管理条例》第三十四条明确了购买剧毒化学品应当遵守下列规定：

1）生产、科研、医疗等单位经常使用剧毒化学品的，应当向设区的市级人民政府公安部门申请领取购买凭证，凭购买凭证购买；

2）单位临时需要购买剧毒化学品的，应当凭本单位出具的证明（注明品名、数量、用途）向设区的市级人民政府公安部门申请领取准购证，凭准购证购买；

3）个人不得购买农药、灭鼠药、灭虫药以外的剧毒化学品。

剧毒化学品生产企业、经营企业不得向个人或者无购买凭证、准购证的单位销售剧毒化学品。剧毒化学品购买凭证、准购证不得伪造、变造、买卖、出售或者以其他方式转让，不得使用作废的剧毒化学品购买证、准购证。

剧毒化学品购买凭证的式样和具体申领办法由国务院公安部门制定。

(2) 销售剧毒化学品应遵守的规定。《危险化学品安全管理条例》第三十三条规定，剧毒化学品经营企业销售剧毒化学品，应当记录购买单位的名称、地址和购买人员的姓名、身份证号码及所购剧毒化学品的品名、数量、用途。记录应当至少保存一年。

剧毒化学品经营企业应当每天核对剧毒化学品的销售情况；发现被盗、丢失、误售等情况时，必须向当地公安部门报告。

剧毒品的发运要按《危险化学品安全管理条例》规定，委托有资质认定的运输企业。通过公路运输剧毒化学品的，委托人应当向目的地的县级人民政府公安部门申请办理剧毒化学品公路运输通行证。

办理剧毒化学品公路运输通行证，委托人应当向公安部门提交有关危险化学品的品名、数量、运输始发地和目的地、运输路线、运输单位、驾驶人员、押运人员、经营单位和购买单位资质情况的材料。

第七节　危险化学品包装与运输

工业产品的包装是现代工业中不可缺少的组成部分。一种产品从生产到使用者手中，一般要经过多次装卸、储存、运输的过程。在这个过程中，产品将不可避免地受到碰撞、跌落、冲击和振动。一个好的包装，将会很好地保护产品，减少运输过程中的破损，使产品安全地到达用户手中。这一点，对于危险化学品显得尤为重要。包装方法得当，就会降低储存、运输中的事故发生率，否则，就会有可能导致重大事故。

一、危险化学品的包装

1. 危险化学品包装的有关规定

《危险化学品安全管理条例》第五条规定，国家经济贸易管理部门负责全国危险化学品包装物、容器专业生产企业的审查和定点，但现在由国家安全生产监督管理部门负责行使；质检部门负责发放危险化学品及其包装物、容器的生产许可证，负责对危险化学品包装物、容器的产品质量实施监督，并负责前述事项的监督检查。

《危险化学品安全管理条例》第二十条规定，危险化学品的包装必须符合国家法律、法规、规章的规定和国家标准的要求；危险化学品包装的材质、形式、规格、方法和单件质量（重量），应当与所包装的危险化学品的性质和用途相适应，便于装卸、运输和储存。

《危险化学品安全管理条例》第二十一条规定，危险化学品的包装物、容器，必须由省、自治区、直辖市人民政府经济贸易管理部门审查合格的专业生产企业定点生产，并经国务院质检部门认可的专业检测、检验机构检测、检验合格，方可使用；重复使用的危险化学品包装物、容器在使用前应当进行检查，并作出记录；检查记录应当至少保存两年；质检部门应当对危险化学品的包装物、容器的产品质量进行定期的或者不定期的检查。

《危险化学品安全管理条例》第三十六条规定，用于危险化学品运输工具的槽罐以及其他容器，必须依照本条例第二十一条的规定，由专业生产企业定点生产，并经检测、检验合格，方可使用；质检部门应当对专业生产企业定点生产的槽罐以及其他容器的产品质量进行定期的或者不定期的检查。

《危险化学品安全管理条例》第五十九条规定了违背前面条款规定将承担相应的法律责任。

2. 包装类别

危险化学品的包装（除1类：爆炸品；2类：压缩气体和液化气体；4.2类：自燃物品；5类：氧化剂和有机过氧化物以外）按其危险程度划分为三个包装类别：

Ⅰ类包装：货物具有大的危险性，包装强度要求高。

Ⅱ类包装：货物具有中等危险性，包装强度要求较高。

Ⅲ类包装：货物具有小的危险性，包装强度要求一般。

应当按照危险化学品的不同类项及有关的定量值确定其包装类别。

3. 包装的基本要求

（1）危险货物运输包装应结构合理，具有一定强度，防护性能好。包装的材质、形式、规格、方法和单件质量（重量），应与所装危险货物的性质和用途相适应，并便于装卸、运输和储存。

（2）包装应质量良好，其构造和封闭形式应能承受正常运输条件下的各种作业风险，不因温度、湿度或压力的变化而发生任何渗（洒）漏，包装表面应清洁，不允许黏附有害的危险物质。

（3）包装与内装物直接接触部分，必要时应有内涂层或进行防护处理，包装材质不得与内装物发生化学反应而形成危险产物或导致削弱包装强度。

（4）内容器应固定。如属易碎性的容器应使用与容器内装物性质相适应的衬垫材料或吸附材料衬垫妥实。

(5) 盛装液体的容器，应能经受在正常运输条件下产生的内部压力。灌装时必须留有足够的膨胀余量（预留容积），除另有规定外，并应保证在温度55℃时，内装液体不致完全充满容器。

(6) 包装封口应根据内装物性质采用严密封口、液密封口或气密封口。

(7) 盛装需要浸湿或加有稳定剂的物质时，其容器封闭形式应能有效地保证内装液体（水、溶剂和稳定剂）的百分数，在储运期间保持在规定的范围以内。

(8) 在降压装置的包装，其排气孔设计和安装应能防止内装物泄漏和外界杂质进入，排出的气体量不得造成危险和污染环境。

(9) 复合包装的内容器和外包装应紧密贴合，外包装不得有擦伤内容器的凸出物。

(10) 无论是新型包装、重复包装还是修理过的包装均应符合危险货物运输包装性能试验要求。

(11) 盛装爆炸品包装的附加要求：

1) 盛装液体爆炸品容器的封闭形式，应具有防止渗漏的双重保护；

2) 除内包装能充分防止爆炸品与金属物接触外，铁钉和其他没有防护涂料的金属部件不得穿透外包装；

3) 双重卷边接合的钢桶、金属桶或以金属做衬里的包装箱，应能防止爆炸物进入隙缝。钢桶或铝桶的封闭装置必须有合适的垫圈；

4) 包装内的爆炸物质和物品，包括内容器，必须衬垫妥实，在运输过程中不得发生危险性移动；

5) 盛装有对外部电磁辐射敏感的电引发装置的爆炸物品，包装应具备防止所装物品受外部电磁的辐射源影响的功能。

4. 包装容器

危险化学品包装物、容器是根据危险化学品的特性，按照有关法规、标准专门设计制造的，用于盛装危险化学品的桶、罐、瓶、箱、袋等包装物和容器。

5. 危险化学品包装标志及标记代号

（1）包装储运图示标志。国家标准 GB 191—2000《包装储运图示标志》规定了运输包装件上提醒储运人员注意的一些图示符号。如防雨、防晒、易碎等，供操作人员在装卸时能针对不同情况进行相应的操作。

（2）危险货物包装标志。国家标准 GB 190—1990《危险货物包装标志》规定了危险货物图示标志的类别、名称、尺寸和颜色。标志的图形共 21 种、19 个名称，其图形分别标示了 9 类危险货物的主要特性，部分图形见书后彩插；标志的尺寸一般分为 4 种，见表 2—4。

表 2—4　　危险货物包装标志尺寸

尺寸 号别	长/毫米	宽/毫米
1	50	50
2	100	100
3	150	150
4	250	250

标志的使用方法：

1）标志的标打，可采用粘贴、钉附及喷涂等方法；

2）标志的位置规定如下：箱状包装标志位于包装端面或侧面的明显处；袋、捆包装标志位于包装明显处；桶形包装标志位于桶身或桶盖；集装箱、成组货物标志粘贴于四个侧面；

3）如果危险化学品具有两种以上危险性，用主标志表示其主要危险性，用副标志表示其次要危险性，副标志图形的下角不应标有危险货物的类别的数字；

4）出口货物的标志应按我国执行的有关国际公约（规则）办理。

（3）化学品安全标签，按照前面所讲授的《化学品安全标签编写规定》（GB 15258—1999）要求执行。

（4）标记代号。危险货物运输包装可根据需要采用按本条规定的标记代号。

1）级别的标记代号用小写英文字母表示，x 符合 I 、II、III 级包装要求；y 符合 II、III 级包装要求；z 符合 III 级包装要求。

2）包装容器的标记代号用阿拉伯数字表示。

3）包装容器的材质标记代号用大写英文字母表示。

4）包装件组合类型标记代号的表示方法：

①单一包装型号由一个阿拉伯数字和一个英文字母组成，英文字母表示包装容器的材质，其左边平行的阿拉伯数字代表包装容器的类型。英文字母右下方的阿拉伯数字，代表同一类型包装容器不同开口的型号。

例：1A——钢桶；

$1A_1$——小开口钢桶。

②复合包装型号由一个表示复合包装的阿拉伯数字“6”和一组表示包装材质和包装形式的字符组成。这组字符为两个大写英文字母和一个阿拉伯数字。第一个英文字母表示内包装的材质，第二个英文字母表示外包装的材质，右边的阿拉伯数字表示包装形式。

例：6HA1 表示内包装为塑料容器，外包装为钢桶的复合包装。

二、危险化学品的运输

运输是危险化学品流通过程中的一个重要环节，在每年各种事故统计中，危险化学品运输事故占有相当大的比例。《安全生产法》和《危险化学品安全管理条例》对危险化学品运输作了相关规定和要求。其目的是要加强对危险化学品运输安全管理，防止事故发生。

1. 危险化学品运输资质认定

（1）运输资质认定。《危险化学品安全管理条例》第三十五条规定，国家对危险化学品的运输实行资质认定制度；未经资质认定，不得运输危险化学品。交通部《道路货物运输企业经营资质管理办法》和《道路危险货物运输管理规定》要求，凡申请从事营业性道路危险货物运输，以及已取得营业性道路运输经营资格需增加危险货物运输经营项目的单位，应向当地县级道路运输管理机关提出书面申请，符合条件的，发给加盖道路危险货物运输用章的《道路运输经营许可证》和《道路运输营运证》，方可经营道路危险货物运输。严禁个体运输业户和车辆从事道路化学危险货物运输经营活动。对已取得道路危险货物运输经营许可的个体运输户，必须在限定期限内注销其经营许可证件。水路运输按《国内船舶运输经营资质管理规定》办法执行。

《危险化学品安全管理条例》第三十七条规定，危险化学品运输企业，应当对其驾驶员、船员、装卸管理人员、押运人员进行有关安全知识培训；驾驶员、船员、装卸管理人员、押运人员必须掌握危险化学品运输的安全知识，并经所在地设区的市级人民政府交通部门考核合格（船员经海事管理机构考核合格），取得上岗资格证，方可上岗作业。危险化学品的装卸作业必须在装卸管理人员的现场指挥下进行。

运输危险化学品的驾驶员、船员、装卸人员和押运人员必须了解所运载的危险化学品的性质、危害特性、包装容器的使用特性和发生意外时的应急措施。运输危险化学品，必须配备必要的应急处理器材和防护用品。

（2）运输中的一般规定：

1）《危险化学品安全管理条例》第四十一条规定，托运人托运危险化学品，应当向承运人说明运输的危险化学品的品名、数量、危害、应急措施等情况；运输危险化学品需要添加抑制剂或者稳定剂的，托运人交付托运时应当添加抑制剂或者稳定剂，并告知承运人；托运人不得在托运的普通货物中夹带危险化学品，不得将危险化学品匿报或者谎报为普通货物托运。

2）《危险化学品安全管理条例》第四十二条规定，运输、装卸危险化学品，应当依照有关法律、法规、规章的规定和国家标准的要求并按照危险化学品的危险特性，采取必要的安全防护措施；运输危险化学品的槽罐以及其他容器必须封口严密，能够承受正常运输条件下产生的内部压力和外部压力，保证危险化学品在运输中不因温度、湿度或者压力的变化而发生任何渗（洒）漏。

3）《危险化学品安全管理条例》第四十三条规定，通过公路运输危险化学品，必须配备押运人员，并随时处于押运人员的监管之下，不得超装、超载，不得进入危险化学品运输车辆禁止通行的区域；确需进入禁止通行区域的，应当事先向当地公安部门报告，由公安部门为其指定行车时间和路线，运输车辆必须遵守公安部门规定的行车时间和路线；危险化学品运输车辆禁止通行区域，由设区的市级人民政府公安部门划定，并设置明显的标志；运输危险化学品途中需要停车住宿或者遇有无法正常运输的情况时，应当向当地公安部门报告。

2. 危险化学品运输的要求

（1）托运危险化学品必须出示有关证明，向指定铁路、交通、航运等部门办理手续。托运物品必须与托运单上所列的品名相符，托运未列入国家品名表的危险物品，应附交上级主管部门审核同意的技术鉴定书。

（2）危险物品装卸运输人员，应按装运危险物品的性质，佩戴相应的防护用品，装卸时必须轻装轻卸，严禁摔拖、重压和摩擦，不得损坏包装容器，并注意标志，堆放稳妥。

（3）危险物品装卸前，应对车（船）搬运工具进行必要的通风和清扫，不得留有残渣，对装有剧毒物品的车（船），卸车后必须洗刷干净。

（4）装运爆炸、剧毒、放射性、易燃液体、可燃气体等物品，必须使用符合安全要求的运输工具。

1）禁止用电瓶车、翻斗车、铲车、自行车等运输爆炸物品。运输强氧化剂、爆炸品及铁桶包装的一级易燃液体时，没有采取可靠的安全措施，不得用铁底板车及汽车挂车。

2）禁止用叉车、翻斗车、铲车搬运易燃、易爆危险物品。

3）温度较高地区装运液化气体和易燃气体等危险物品，要有防晒设施。

4）放射性物品应用专用运输搬运车和抬架搬运，装卸机械应按规定负荷降低25％。

5）遇水易燃物品及有毒物品，禁止用小型机帆船、小木船和水泥船承运。

（5）运输爆炸、剧毒和放射性物品，应指派专人押运，押运人员不得少于两人。

（6）运输危险物品的车辆，必须保持安全的车速，保持车距，严禁超车、超速和强行会车。运输危险物品的行车路线，必须事先经当地公安交通管理部门批准，按指定的路线和时间运输，不可在繁华街道行驶和停留。

（7）运输危险化学品的车辆应专车专用，并有明显标志，要符合交通管理部门对车辆和设备的规定。

1）车厢底板必须平坦完好，周围栏板必须牢固；

2）机动车辆排气管应装阻火器，电路系统应有切断总电源和隔离火花的装置；

3）车辆必须按照国家标准 GB 13392—2005《道路运输危险货物车辆标志》悬挂规定的标志和标志灯；

4）根据装卸危险化学品货物的性质，配备相应的消防器材。

（8）蒸汽机车在调车作业中，对装载易燃、易爆物品的车辆，必须挂不少于两节的隔离车，并严禁溜放。

（9）运输散装固体危险物品，应根据性质采取防火、防爆、防水、防粉尘飞扬和遮阳等措施。

（10）禁止无关人员搭乘运输危险化学品的车、船和其他运输工具。

（11）运输爆炸品和需凭证运输的危险化学品，应有运往地县、市公安部门的《爆炸品准运证》或《危险化学品准运证》。

（12）运输危险化学品车辆、船只应有防火安全措施。

（13）易燃品闪点在 28℃以下，气温高于 28℃时应在夜间运输。性质或消防方法相互抵触，以及配装号或类项不同的危险化学品不能装载同一车、船内运输。

（14）危险化学品运输的包装应符合《危险货物运输包装通用技术条件》（GB 12463—1990）的规定。

（15）装运集装箱、大型气瓶、可移动罐（槽）等的车辆，必须设置有效的紧固装置。

（16）通过铁路、航空运输危险化学品的，按照国务院铁路、民航部门的有关规定执行。

3. 剧毒化学品运输

（1）《危险化学品安全管理条例》第三十九条规定，通过公路运输剧毒化学品的，托运人应当向目的地的县级人民政府公安部门申请办理剧毒化学品公路运输通行证；办理剧毒化学品公路运输通行证，托运人应当向公安部门提交有关危险化学品的品名、数量、运输始发地和目的地、运输路线、运输单位、驾驶人员、押运人员、经营单位和购买单位资质情况的材料；剧毒化学品公路运输通行证的式样和具体申领办法由国务院公安部门制定。

（2）《危险化学品安全管理条例》第四十条规定，禁止利用内河以及其他封闭水域等航运渠道运输剧毒化学品以及国务院交通部门规定禁止运输的其他危险化学品；利用内河以及其他封闭水域等航运渠道运输前款规定以外的危险化学品的，只能委托有危险化学品运输资质的水运企业承运，并按照国务院交通部门的规定办理手续，接受有关交通部门（港口部门、海事管理机构）的监督管理；运输危险化学品的船舶及其配载的容器必须按照国家关于船舶检验的规范进行生产，并经海事管理机构认可的船舶检验机构检验合格，方可投入使用。

(3)《危险化学品安全管理条例》第四十四条规定，剧毒化学品在公路运输途中发生被盗、丢失、流散、泄漏等情况时，承运人及押运人员必须立即向当地公安部门报告，并采取一切可能的警示措施。公安部门接到报告后，应当立即向其他有关部门通报情况；有关部门应当采取必要的安全措施。

(4) 通过铁路运输剧毒化学品时，必须按照铁道部铁运［2002］21号《铁路剧毒品运输跟踪管理暂行规定》执行。

1）必须在铁道部批准的剧毒品办理站或专用线、专用铁路办理；

2）剧毒品仅限采用毒品专用车、企业自备车和企业自备集装箱运输；

3）必须配备两名以上押运人员；

4）填写运单一律使用黄色纸张印刷，并在纸张上印有骷髅图案；

5）铁路运输局负责全路剧毒品运输跟踪管理工作；

6）铁路不办理剧毒品的零担发送业务。

第八节　废弃危险化学品的处置

危险化学品具有易燃、易爆、腐蚀、毒害等危险特性，如果对危险化学品及其废弃物管理、处置不当，不但会污染空气、水源和土壤，造成生态破坏，而且会对人体的安全与健康造成很大程度的危害。危险化学品处置按《危险化学品安全管理条例》第二十四条规定，处置废弃危险化学品，应依照《固体废物污染环境防治法》和国家有关规定执行。

一、废弃危险化学品的处置原则

（1）区别对待、分类处置、严格控制危险废物和放射性废物。

（2）集中处置原则。对危险废弃物实行集中处置，不仅可以节约人力、物力、财力，有利于监督管理，也是有效控制乃至消除危险废物污染危害的重要形式和主要技术手段。

（3）无害化处置原则。危险废弃物最终处置原则是合理地、最大限度地将危害废物与生物圈相隔离，减少有毒有害物质释放进入环境的速度和总量，将其在长期处置过程中对人类和环境的影响减至最小程度。

二、废弃危险化学品的处置方法

废弃危险化学品的处置，是指将废弃危险化学品焚烧和用其他改变其物理、化学、生物特性的方法，达到减少已产生的废物数量、缩小固体废物体积、减少或消除其危险成分的活动，或者将废弃危险物最终置于符合环境保护规定要求的场所或者设施并不再回收的活动。

废弃危险物处置办法主要有地质处置和海洋处置两大类。海洋处置包括深海投弃和海上焚烧。地质处置包括土地耕作、永久储存或储留地储存、土地填埋、深井灌注和深地层处置等几种，其中应用最多的是土地填埋处置技术。海洋处置现已被国际公约禁止，地质处置至今仍是世界各国最常采用的一种废物处置方法。

第九节 电气安全

一、电流对人体伤害

电流对人体的伤害表现有以下几种：

(1) 轻度触电，产生针刺、压迫感，出现头晕、心悸、面色苍白、惊慌、肢体软弱、全身乏力等；

(2) 较重者有打击感、疼痛、抽搐、昏迷、休克，伴随心律不齐，迅速转入心搏、呼吸停止的“假死”状态；

(3) 小电流引起心室颤动是最致命的危险，可造成死亡；

(4) 皮肤通电的局部会造成电灼伤；

(5) 触电后遗症有中枢神经受损害，导致失明、耳聋、精神失常、肢体瘫痪等。

二、电气安全要求

触电事故具有突发性和隐蔽性，但也具有一定的规律性。在实践的基础上，不断研究其规律性，采取相应的防护措施，可以有效地预防触电事故的发生。

1. 屏蔽和障碍防护

某些开启式开关电器的活动部分不便绝缘，或高压设备的绝缘不能保证人在接近时的安全，应设立屏蔽或障碍防护措施。

将带电部分用遮栏或外壳与外界完全隔开，以避免人们从经常接近的方向或任何方向直接触及带电部分。

设置阻挡物用于防止无意的直接接触，如在生产现场采用板状、网状、筛状阻挡物。由于阻挡物的防护功能有限，因此，在采用时应附设警告信号灯、警告信号标志等。必要时可设置声、光报警信号及联锁保护装置。

2. 绝缘防护

用绝缘材料将带电部分全部包裹起来，防止在正常工作条件下与带电部分的任何接触，所采取的绝缘保护应根据所处环境和应用条件，对绝缘材料规定绝缘性能参数，其中绝缘电阻、泄漏电流、介电强度是最主要的参数。常见的绝缘材料有瓷、云母、橡胶、塑料、棉布、纸、矿物油等。电气设备的绝缘性能由绝缘材料和工作环境决定，其指标为绝缘电阻，绝缘电阻越大，则电气设备泄漏的电流越小，绝缘性能越好。

除设备的绝缘防护外，工作人员应根据需要配备相应的绝缘防护用品，如绝缘手套、绝缘鞋、绝缘垫等。

3. 漏电保护

漏电保护器是一种在设备及线路漏电时，保证人身和设备安全的装置，其作用在于防止由于漏电引起的人身伤害，同时可防止由于漏电引起的设备火灾，通常用在故障情况下的触电保护，但可作为直接触电防护的补充措施，以便在其他直接防护措施失败或操作者疏忽时实行直接触电防护。

原劳动部《漏电保护器安全监察规定》和国家标准《漏电保护器安装和运行》(GB 13955—1992) 要求，在电源中性直接接地的保护系统中，在规定的场所、设备范围内必须安装漏电保护器和实现漏电保护器的分级保护。对一旦发生漏电切断电源时会造成事故和重大经济损失的装置和场所，应安装报警式漏电保护器。

4. 安全间距

为了防止人体、车辆触及或接近带电体造成事故，防止过电压放电和各种短路事故，国家规定了各种安全间距，大致可分为四种：各种线路的安全距离、变配电设备的安全距离、各种用电设备的安全距离、检修维修时的安全距离。为了防止各种电气事故的发生，带电体与地面之间、带电体与带电体之间、带电体与人体之间、带电体与其他设施设备之间，均应保持安全距离，如架空线路的架设高度应符合有关的规定等。

厂区内起重作业时起重臂可能会触及架空线，导致起重作业区内形成跨步电压，严重威胁作业人员安全。因此在架空线附近进行起重作业，应严格管理，起重机具及重物与线路导线的最小距离应符合有关的规定。

5. 安全电压

安全电压是制定安全措施的依据，是按人体允许承受的电流和人体电阻值的乘积确定的。一般情况下视摆脱电流 10 毫安（交流）为人体允许电流，但在电击可能造成严重二次事故的场合，如水中或高空，允许电流应按不引起人体强烈痉挛的 5 毫安来考虑。人体电阻一般在 1 000～2 000 欧姆之间，但在潮湿、多汗、多粉尘的情况下，人体电阻只有数百欧姆。因此，当电气设备需要采用安全电压来防止触电事故时，应根据使用环境、人员和使用方式等因素选用不同等级的安全电压。

国内过去多采用 36 伏、12 伏两种等级的安全电压。手提灯、危险环境的携带式电动工具和局部照明灯，高度不足 2.5 米的一般照明灯，如无特殊安全结构或安全措施，宜采用 36 伏安全电压。凡工作地狭窄、行动不便以及周围有大面积接地导体的环境（如金属容器、管道内）的手提照明灯，应采用12伏。

安全电压应由隔离变压器供电，使输入与输出电路隔离；安全电压电路必须与其他电气系统和任何无关的可导电部分实现电气上的隔离。

6. 保护接地与接零

保护接地是把用电设备在故障情况下可能出现危险的金属部分（如外壳等）用导线与接地体连接起来使用电设备与大地紧密连通。在电源为三相三线制的中性点不直接接地或单相制的电力系统中，应设保护接地线。

保护接零是把电气设备在正常情况下不带电的金属部分（外壳），用导线与低压电网的零线（中性线）连接起来。在电压为三相四线制的变压器中性点直接接地的电力系统中，应采用保护接零。

三、触电事故的急救

触电时首先立即切断电源，如不易切断电源时，救助者必须使用防止触电的物品，如橡皮手套、橡皮长靴等使自己绝缘后再用干燥的木棒等绝缘的物体将电线拉离触电者，千万不能用手直接去拉触电的人。离开电源后，把触电者移至安全场所，使其平静地躺下，实施必要的救治。必要时迅速送医院检查治疗。

第十节　高处作业安全

一、高处作业的定义

凡是距坠落基准面2米及其以上，有可能坠落的高处进行的作业；距坠落基准面2米以下，但在作业地段坡度大于45°的斜坡下面，或附近有坑、井和有风雨袭击、机械振动的地方以及有转动机械或有堆放物易伤人的地段进行的作业，均称为高处作业。高处作业的级别为：高度大于等于2米、小于等于5米的，为一级；高度大于5米、小于等于15米，为二级；高度大于15米、小于等于30米，为三级；高度大于30米的，为特级。高处作业要办理《高处安全作业证》，方可作业。

二、高处作业安全要求

（1）作业人员。患有精神病、癫痫病、高血压、心脏病等疾病的人不准参加高处作业。工作人员饮酒、精神不振时禁止登高作业，患深度近视眼病的人员也不宜从事高处作业。

（2）作业条件。高处作业均须先搭脚手架或采取其他防止坠落的措施后方可进行。在没有脚手架或者没有栏杆的脚手架上工作，高度超过1.5米时，必须使用安全带或采取其他可靠的安全措施。

（3）现场管理。高处作业现场应设有围栏或其他明显的安全界标。除有关人员外，不准其他人在作业地点的下面通行或逗留。进入高处作业现场的所有工作人员必须戴好安全帽。高处作业应与地面保持联系，根据现场情况配备必要的联络工具，并指定专人负责联系。

（4）防止工具材料坠落。高处作业时一律应用工具袋。较大的工具用绳拴牢在坚固的构件上，不准随便乱放。工作过程中除指定的、已采取防护围栏处或落料管槽可以倾倒废料外，严禁向下抛掷物料。

（5）防止触电和中毒。脚手架搭建时应避开高压线。高处作业地点如靠近放空管，万一有毒有害气体排放，应按计划路线迅速撤离现场，并根据可能出现的意外情况采取应急安全措施。

（6）注意结构的牢固性和可靠性。在槽顶、罐顶、屋顶等设备或建筑物、构筑物上作业时，除了临空一面装设安全网或栏杆等防护措施外，事先应检查其牢固可靠程度，防止失稳或破裂等可能出现的危险。严禁不采取任何安全措施，直接站在石棉瓦、油毛毡等易碎裂材料的屋顶上作业。若必须在此类结构上作业时，应架设人字梯或铺上木板以防止坠落。

第十一节　化工检修作业安全

化工生产的危险性决定了化工设备检修的危险性。化工设备和管道中大多残存着易燃易爆有毒的物质，化工抢修及检修又离不开动火、动土、进罐入塔等作业，故客观上具备了发生火灾、爆炸、中毒、化工灼烧等事故的条件，稍有疏忽就会发生重大事故。

一、检修前的准备

1. 成立检修指挥部

大修、中修时，为了加强停车检修工作的集中领导和统一计划，确保停车检修的安全顺利进行，检修前要成立检修指挥部。针对装置检修项目的特点，指挥部成员应明确分工，分片包干，各司其职，各负其责。

2. 制定检修方案

无论是全厂性停车大检修、系统或车间的检修，还是单项工程或单个设备的检修，在检修前均须制定装置停车、检修、开车方案及其安全措施。

3. 检修前的安全教育

检修前，检修指挥部负责向参加检修的全体人员（包括外单位人员、临时工作人员等）进行检修技术方案交底，使其明确检修内容、步骤、方法、质量标准、人员分工、注意事项、存在的危险因素和由此而采取的安全技术措施等，达到分工明确、责任到人。同时还要组织检修人员到检修现场，了解和熟悉现场环境，进一步核实安全措施的可靠性。检修人员经安全教育并考试合格取得《安全（作业）合格证》后才能准许持证参加检修。

4. 检修前的检查

装置停车检修前，应由检修指挥部统一组织，对停车前的准备工作进行一次全面的检查。检查内容主要包括检修方案、检修项目及相应的安全措施、检修机具和检修现场等。

二、装置安全停车

化工装置在停车过程中，要进行降温、降压、降低进料量，一直到切断原料的进料。组织不好、指挥不当或联系不周、操作失误都容易发生事故。

正常停车按岗位操作执行，较大系统的停车必须编写停车方案，做好检修期间的劳动组织分工及进行检修动员等工作，并严格按照停车方案进行有秩序的停车。在停车操作中应注意：

（1）大型传动设备的停车，必须先停主机、后停辅机。

（2）系统降压、降温必须按要求的速率、先高压后低压的顺序进行。凡须保温、保压的设备，停车后要按时记录温度、压力的变化。

（3）把握好降量的速度，开关阀门的操作一般要缓慢进行。

（4）高温真空设备的停车，必须先破真空，待设备内的介质温度降到自燃点以下后，方可与大气相通，以防空气进入引起介质的燃爆。

(5) 设备卸压时，应对周围环境进行检查确认，要注意易燃、易爆、有毒等危险化学物品的排放和扩散，防止造成事故。

(6) 装置停车时，应尽可能倒空设备及管道内的液体物料，送出装置。应采取相应措施，不得就地排放或排入下水道中。可燃、有毒气体应排至火炬烧掉。

(7) 加热炉的停炉操作，应按工艺规程中规定的降温曲线进行，并注意炉膛各处降温的均匀性。加热炉未全部熄灭或炉膛温度很高时，有引燃可燃气体的危险性，此装置不得进行排空和低点排凝，以免可燃气体飘进炉膛引起爆炸。

三、装置停车后的安全处理

化工装置在停车后应进行盲板抽堵、设备吹扫、置换等工作。停车和吹扫置换工作进行的好坏，直接关系到装置的安全检修。

1. 盲板抽堵作业

检修设备和运行系统隔离的最保险的方法是将与检修设备相连的管道、管道上的阀门、伸缩接头可拆部分拆下，然后在管路侧的法兰上装设盲板。如果不可拆卸或拆卸十分困难，则应在和检修设备相连的管道法兰接头之间插入盲板。

抽堵盲板属于危险作业，须办理《盲板抽堵安全作业证》方可作业；高处抽堵盲板还应办理《高处安全作业证》。

2. 置换作业

为保证检修动火和设备内作业的安全，设备检修前内部的易燃、有毒气体应进行置换；酸碱等腐蚀性液体应该中和；为保证罐内作业安全和防止设备腐蚀，经过酸洗或碱洗后的设备，还应进行中和处理。

易燃、有毒有害气体的置换，大多采用蒸气、氮气等惰性气体作为置换介质。也可采用“注水排气”法将易燃有害气体压出，达到置换要求。设备经惰性气体置换后，若需要进入其内部工作，则事先必须用空气置换惰性气体，以防窒息。

3. 设备清扫和清洗

经过置换等作业方法清除的沉积物，应用蒸气、热水或碱液等进行蒸煮、溶解、中和等方法将沉积的可燃、有毒物质清除干净。

（1）人工揩擦或铲刮。对某些设备内部的沉积物可用人工揩擦铲刮的方法清除。进行此项作业时，设备应符合设备内作业安全规定。若沉积物是可燃物或酸性容器壁上的污物和残酸，则应用木质、铜质、铝质等不产生火花的铲、刷、钩等工具。若是有毒的沉积物，应做好个人防护，必要时戴好防毒面具后作业。应及时清扫并妥善处理铲刮下来的沉积物。

（2）用蒸气或高压热水清扫。油罐的清扫通常采用蒸气或高压喷射的方法清洗掉罐壁上的沉积物，但必须防止静电火花引起燃烧、爆炸。蒸气一般宜用低压饱和蒸气，蒸气和高压热水管道应用导线和槽罐连接起来并接地。用蒸气或热水清扫后，入罐前应让其充分冷却，防止烫伤。油类设备管道的清洗可以用氢氧化钠溶液，用量为每千克水加入 80～120 克氢氧化钠，用此浓度的碱液清洗几遍或通入蒸气煮沸，然后将碱液放去，用水洗涤。溶解固体氢氧化钠时，应将碱片或碱碎块分批多次逐渐加入清水中，同时缓慢搅动，待全部碱块加入溶解后，方可通蒸气煮沸。绝不能先将碎碱块放入设备或管道内再加水。对汽油桶一类的油类容器，可以用蒸气吹洗。

（3）化学清洗。为检修安全和防止设备的腐蚀、过热，对设备管道内的泥垢、油垢、水垢和铁锈等沉积物和附着物可以用化学清洗的方法除去。常用的有碱洗法，如在氢氧化钠、磷酸钠、碳酸钠溶液内加入适量的表面活性剂；酸洗法，如用盐酸加缓蚀剂、柠檬酸等有机酸清洗；还可用碱洗和酸洗交替等方法。对氧化铁类沉积物的清洗，如果设备内部有油垢时，先进行碱洗，然后清水洗涤，接着进行酸洗。对氧化铁、铜及氧化铜类沉积物清洗，沉积物中除氧化铁外还有铜或氧化铜等物质，仅用酸洗法不能清除，应先用氨溶液除去沉积物中的铜分，然后进行酸洗；因为铜和铜的氧化物污垢和铁的氧化物大都呈现层叠状积附，故交替使用氨水和酸类进行清洗；如果铜或铜的氧化物污垢积附较多，在酸洗时一定要添加铜离子封闭剂，以防因铜离子的电极沉积引起腐蚀。对硫化铁沉积物的清洗，在石油化工装置中除硫化铁沉积物外，还积附氧化铁类沉积物，这类沉积物中大多数是氧化铁、硫化铁以混合状态积附，其中还含有少量油分，沉积物较为坚硬，清洗时，先加热到 300℃左右，时间为 2～3 小时，使沉积物裂化，除去油分，然后再进行酸洗；加热时应控制温度，防止设备管道过热；酸洗时有硫化氢气体产生，必须另设管道处理，防止中毒。对碳酸盐类水垢的清洗，锅炉受热面上若结有碳酸盐水垢，可用盐酸加缓蚀剂的方法清洗。在配制酸洗液时应注意个人防护，酸洗液放入锅炉宜分两次，先灌入一半，若锅炉内反应不是很激烈，则可将另一半灌入。打开锅筒上的放空阀（或其他阀门）以便使酸洗过程中产生的气体排出。采用化学清洗后的废液应予以处理后方可排放。一般把废液进行稀释沉淀、过滤等，使污染物浓度降低到允许的排放标准后排放；或采用化学药品，通过中和、氧化、还原、凝聚、吸附以及离子交换等方法把酸性或碱性废液处理至符合排放标准后排放；或排入全厂性的污水处理系统，统一处理后排放。

四、检修中的特殊作业

1. 动火作业

动火作业指在禁火区进行焊接与切割作业及在易燃易爆场所使用喷灯、电钻、砂轮等进行可能产生火焰、火花和赤热表面的临时性作业。动火作业分为特殊危险动火作业、一级动火作业和二级动火作业三类。动火作业应办理动火证审批手续，落实安全措施。

动火作业安全要点：

(1) 审证。禁火区内动火应办理动火证的申请、审核和批准手续，明确动火的地点、时间、范围、动火方案、安全措施、现场监护人。没有动火证或动火手续不齐、动火证已过期不准动火；动火证上要求采取的安全设施没有落实之前也不准动火；动火地点或内容更改时应重办审证手续，否则也不准动火。进入设备内、高处进行动火作业，还要办理相关许可证。特殊危险动火作业和一级动火作业的《动火安全作业证》有效期不超过 24 小时，二级动火作业的《动火安全作业证》有效期不超过 120 小时。

(2) 联系。动火前要和生产车间、工段联系，明确动火的设备、位置。由生产部门指定人员负责动火设备的置换、扫线、清洗或清扫工作，并做书面记录。由审证的安全保卫部门通知邻近车间、工段或部门，提出动火期间的要求，如动火期间关闭门窗，不要进行放料，不要放空等。

(3) 拆迁。凡能拆迁到固定动火区或其他安全地方进行动火的作业不应在生产现场（禁火区）内进行，尽量减少禁火区内的动火工作量。

(4) 隔离。动火设备应与其他生产系统可靠隔离，防止运行中设备、管道内的物料泄漏入动火设备中，将动火地区与其他区域采用临时隔火墙等措施隔开，防止火星飞溅而引起事故。

(5) 移去可燃物。将动火地点周围10米范围以内的一切可燃物，如溶剂、润滑油、未清洗的盛放过易燃液体的空桶、木柜、竹箩等转移到安全场所。

(6) 灭火措施。动火期间，动火地点附近的水源要保证充足，不能中断，动火现场准备好足够数量的适合的灭火器具。在危险性大的重要地段动火，消防车和消防人员应到现场。

(7) 检查和监护。上述工作准备就绪后，根据动火制度的规定，厂、车间或安全保卫部门负责人现场检查。对照动火方案中提出的安全措施，检查是否落实，并再次明确落实现场监护人和动火现场指挥，交代安全注意事项。

(8) 动火分析。取样与动火间隔不得超过半小时，如果超过此间隔或动火作业时间超过半小时，必须重新取样分析。分析试样要保留到动火之后，分析数据应做记录，分析人员应在分析报告上签字。动火分析合格的标准按HG 23011—1999《厂区动火作业安全规程》执行。

(9) 动火。动火作业应由经安全考试合格的持特种作业上岗证的人员担任。

(10) 善后处理。动火结束后应清理现场，熄灭余火，做到不遗漏任何火种，切断动火作业所用的电源。

2. 动土作业

动土作业指挖土、打桩、地锚入土深度在0.5米以上；地面堆放负重在50千克/平方米以上；使用推土机、压路机等施工机械进行填土或平整场地的作业。

化工企业内外地下有用于动力、通讯和仪表等不同用途、不同规格的电缆，有上水、下水、循环水、冷却水、软水和消防水等口径不一，材料各异的生产、生活用水管，还有煤气管、蒸气管、各种化学物料管。电缆、管道纵横交错。如果不明地下设施情况而进行动土作业，可能挖断电缆、击穿管道、土石塌方、人员坠落，造成人员伤亡或全厂停电等重大事故。因此，动土作业必须办理《动土安全作业证》，否则不准动土作业。

动土作业安全规程按 HG 23017—1999《厂区动土作业安全规程》执行。

3. 设备内作业

进入化工区域内的各类塔、球、釜、槽、罐、炉膛、锅筒、管道、容器以及地下室、阴井、地坑、下水道或其他封闭场所内进行的作业称为设备内作业，常称罐内作业。化工检修及维护中的设备内作业十分频繁，和动火作业一样是危险性很大的作业。事前应办理《设备内安全作业证》方可作业。

设备内作业安全要点：

(1) 可靠隔离。进入设备内作业的设备必须和其他设备、管道可靠隔离，绝不允许其他系统中的介质进入检修的设备。

(2) 切断电源。有搅拌机等机械装置的设备，进行设备内作业前应把传动皮带卸下，启动机械的电机电源断开，如取下保险丝、拉下闸刀等，并上锁使其在检修中不能启动机械装置，还要在电源处挂上“有人检修，禁止合闸”的警告牌。

(3) 清洗和置换。凡用惰性气体置换过的设备，进入前必须用空气置换出惰性气体，并对设备内空气中的含氧量进行测定，氧含量应在18%～21%的范围。对设备进行清洗，使设备内有毒气体、可燃气体浓度符合《化工企业安全管理制度》的规定。涂漆、除垢、焊接等作业过程中能产生易燃、有毒、有害气体，作业时应加强通风换气，并加强取样分析。

(4) 设备外监护。设备内作业一般应指派两人以上作设备外监护。监护人应了解介质的理化性能、毒性、中毒症状和火灾、爆炸性；监护人应位于能经常看见设备内全部操作人员的位置，眼光不得离开操作人员；监护人除了向设备内作业人员递送工具、材料外，不得从事其他工作，更不准撤离岗位；发现设备内有异常时，应立即召集急救人员，设法将设备内受害人员救出。监护人应从事设备外的急救工作，如果没有人代替监护，即使在非常时候，监护人也不得自己进入设备内。凡进入设备内抢救的人员，必须根据现场的情况穿戴防护器具，决不允许不采取任何个人防护措施而冒险进入设备救人。

(5) 用电安全。设备作业照明，使用的电动工具必须使用安全电压，若有可燃性物质存在，还应符合防爆要求。悬吊行灯时不能使导线承受张力，必须用附属的吊具来悬吊。行灯的防护装置和电动工具的机架等金属部分，应该用三芯软线或导线等预先可靠接地。

(6) 个人防护。设备内作业前应使设备内及周围环境符合安全卫生要求。在不得已的情况下需戴防毒面具入罐作业，防毒面具务必在事前做严格检查，确保完好；并规定在罐内的停留时间，严密监护，轮换作业。当设备内空气中含氧量和有毒有害物质浓度均符合安全规定时，仍应正确穿戴相关劳动保护用品进入设备。

（7）急救措施。根据设备的容积和形状、作业危险性大小和介质性质，作业前做好相应的急救准备工作。

（8）升降机具。设备作业所用升降机具必须安全可靠。

（9）防止疏漏。作业开始前有关部门负责人应检查各项安全措施的落实情况，作业罐的明显位置挂上“罐内有人作业”字样的牌子。作业结束，清除杂物，把所有的工具材料、垫板、梯子等都搬出设备外，防止遗漏在罐内。

第三章 重大危险源与化学事故应急救援

第一节　重大危险源辨识与安全管理

一、重大危险源及分类

我国国家标准《重大危险源辨识》中给出了重大危险源的定义及其分类。重大危险源定义为长期或临时地生产、加工、搬运、使用或储存危险物质，且危险物质的数量等于或超过临界量的单元。单元指一个（套）生产装置、设施或场所，或同属一个工厂的且边缘距离小于 500 米的几个（套）生产装置、设施或场所。

其中临界量是指对于某种或某类危险物质规定的数量，若单元中的物质数量等于或超过该数量，则该单元定为重大危险源。生产场所是指危险物质的生产、加工及使用等的场所，包括生产、加工及使用等过程中的中间储罐存放区及半成品、成品的周转库房。

二、重大危险源的辨识标准及方法

1. 辨识依据

重大危险源的辨识依据是物质的危险特性及其数量，按《重大危险源辨识》中四类物质的品名及其临界量加以确定。

2. 辨识指标

(1) 单元中的一种危险物质数量达到或超过临界量。

(2) 单元中的几种危险物质数量与其临界量之比的和大于 1，即：

$$\frac{q_1}{Q_1}+\frac{q_2}{Q_2}+\frac{q_3}{Q_3}+\cdots+\frac{q_n}{Q_n}\geqslant 1$$

式中 q——单元中的每种危险品物质的实际存在量；

Q——与各种危险品相对应的生产场所或储存区的临界量。

三、重大危险的管理

加强重大危险管理的目的，不仅预防重大事故发生，而且要做到一旦发生事故，能将事故危害限制到最低程度。通过一系列有计划、有组织的系统安全活动，保证重大危险源的安全运行。

(1) 进行重大危险源辨识，使得管理对象更加明确。

(2) 对重大危险源进行安全评价，通过安全评价发现隐患，以便进行整改。

(3) 实行危险源登记制度。通过登记使政府部门能够清楚地了解重大危险源分布情况及安全水平，便于从宏观上进行管理与控制。

第二节 事故调查与处理

事故调查处理是安全管理的重要内容，主要是指对已发生事故的分析、处理等一系列管理活动。工作内容主要有事故发生的报告、事故应急救援、事故调查、事故分析、事故责任人的处理和事故赔偿等。

一、安全生产事故的分级

依据2007年6月1日实施的《生产安全事故报告和调查处理条例》第三条规定，生产安全事故造成的人员伤亡或者直接经济损失，事故一般分为以下等级：

（1）特别重大事故，是指造成30人以上死亡，或者100人以上重伤（包括急性工业中毒），或者1亿元以上直接经济损失的事故；

（2）重大事故，是指造成10人以上30人以下死亡，或者50人以上100人以下重伤，或者5 000万元以上1亿元以下直接经济损失的事故；

（3）较大事故，是指造成3人以上10人以下死亡，或者10人以上50人以下重伤，或者1 000万元以上5 000万元以下直接经济损失的事故；

（4）一般事故，是指造成3人以下死亡，或者10人以下重伤，或者1 000万元以下直接经济损失的事故。

二、事故报告制度

企业发生伤亡事故和职业病事故后，必须及时向相关部门如实报告。发生事故不报告，甚至故意隐瞒事故真相，有关责任人将受到法律制裁。

事故发生后，事故现场有关人员应当立即向本单位负责人报告；单位负责人接到报告后，应当于1小时内向事故发生地县级以上人民政府安全生产监督管理部门和负有安全生产监督管理职责的有关部门报告。情况紧急时，事故现场有关人员可以直接向事故发生地县级以上人民政府安全生产监督管理部门和负有安全生产监督管理职责的有关部门报告。

报告事故应当包括下列内容：

（1）事故发生单位概况；

（2）事故发生的时间、地点以及事故现场情况；

（3）事故的简要经过；

（4）事故已经造成或者可能造成的伤亡人数（包括下落不明的人数）和初步估计的直接经济损失；

（5）已经采取的措施；

（6）其他应当报告的情况。

三、事故调查

1. 事故调查的原则

（1）事故调查必须以事实为依据，以科学为手段，在充分调查研究的基础上科学、公正、实事求是地给出事故调查结论。

（2）事故调查必须遵循“四不放过”的原则，即事故原因不查清不放过、事故责任者和群众没有受到教育不放过、事故责任者没有受到追究不放过、没有采取相应的预防改进措施不放过。

（3）依靠专家和科学技术手段。

（4）第三方的原则。

（5）不干涉、不阻碍的原则。

2. 事故调查的内容

主要了解发生事故的具体时间和具体地点；检查现场，做好详细记录；对受害人数、伤害程度；事故的起因物；向事故当事人及现场人员了解事故事前的生产情况（包括作业人员的任务、分工及工艺条件、设备完好情况等）；受害者情况、经济损失情况等。

3. 事故调查程序

(1) 成立事故调查小组；

(2) 事故调查物质准备；

(3) 事故现场处理；

(4) 事故现场勘查与物证获取；

(5) 其他有关事故资料的收集；

(6) 事故分析；

(7) 编写事故调查报告。

四、事故处理

有关机关应当按照人民政府的批复，依照法律、行政法规规定的权限和程序，对事故发生单位和有关人员进行行政处罚，对负有事故责任的国家工作人员进行处分。事故发生单位应当按照负责事故调查的人民政府的批复，对本单位负有事故责任的人员进行处理。负有事故责任的人员涉嫌犯罪的，依法追究法律责任。

五、事故赔偿

企业发生伤亡事故后，职工的伤亡赔偿、医疗费用、工伤待遇等按照国家《工伤保险条例》执行。如果企业参加了社会工伤保险，按照要求交纳了工伤保险金，上述费用将由保险公司支付；如果没有参加工伤保险，则由企业按照工伤保险标准支付各种费用。因此，无论企业是否参加了工伤保险，事故后的赔偿及职工待遇以《工伤保险条例》为依据。

第三节　危险化学品事故应急救援

《安全生产法》和《危险化学品安全管理条例》以及《危险化学

品事故应急救援预案编制导则（单位版）》等，都对危险化学品事故应急救援和应急措施做出了明确的规定。事故应急救援是指通过事前计划和应急措施，在事故发生后，充分利用一切可用的力量和资源，迅速控制事故发展，保护工作人员，将事故损失降低到最低程度。

一、事故应急救援的任务

事故应急救援的任务是：

(1) 立即组织营救受害人员、组织撤离或通过其他措施保护事故危害区域内的其他人员。

(2) 迅速控制危险源，并对事故危害的性质、区域范围、危害程度进行检验。

(3) 做好现场清洁，消除危害后果。

(4) 查清事故原因，评估危害程度。

二、事故应急救援预案的基本内容

应急救援预案应覆盖事故发生后应急救援各阶段的计划，即预案的启动、应急、救援、事后监测与处置等各阶段。其基本内容包括：

(1) 基本情况；

(2) 危险目标及其危险特性、对周围的影响；

(3) 危险目标周围可利用的安全、消防、个体防护的设备、器材及其分布；

(4) 应急救援组织机构、组成人员和职责划分；

(5) 报警、通讯联络方式；

(6) 事故发生后应采取的处理措施；

(7) 人员紧急疏散、撤离；

(8) 危险区的隔离；

(9) 检测、抢险、救援及控制措施；

(10) 受伤人员现场救护、救治与医院救治；

(11) 现场保护与现场洗消；

(12) 应急救援保障；

(13) 预案分级响应条件；

(14) 事故应急救援终止程序；

(15) 应急培训计划；

(16) 演练计划；

(17) 附件。

三、制定应急救援预案的基本步骤

(1) 调查研究，收集资料；

(2) 危险源评估；

(3) 分析总结；

(4) 编制预案；

(5) 科学评估；

(6) 审核实施。

四、应急救援预案的演练

有了应急救援预案，如果响应人员不能充分理解自己的职责与预案实施步骤，如果应急人员没有足够的应急经验与实战能力，那么预案的实施效果将会大打折扣，达不到预案的制定目的。为了提高应急救援人员的技术水平与整体能力，使救援达到快速、有序、有效的目的，经常开展应急救援培训、演练是非常必要的。

第四节　现场急救与逃生

一、中毒窒息事故的救护

如果发生中毒窒息事故，则应按照下述方法进行抢救：

(1) 抢救人员在进入危险区域前必须戴上防毒面具、自救器等防护用品，必要时也应给中毒者戴上，迅速把中毒者移到具有新鲜空气的地方，静卧保暖。

(2) 如果是一氧化碳中毒，中毒者还没有停止呼吸或呼吸虽已停止但心脏还在跳动，在清除中毒者口腔、鼻腔内的杂物使呼吸道保持畅通以后，立即进行人工呼吸。若心脏跳动也停止了，应迅速进行心脏胸外按压，同时进行人工呼吸。

(3) 如果是硫化氢中毒，在进行人工呼吸以前，要用浸透食盐溶液的棉花或手帕盖住中毒者的口鼻。

(4) 如果是因瓦斯或二氧化碳窒息，情况也不太严重的，只要把窒息者移到空气新鲜的场所稍作休息后，就会苏醒。假如窒息时间较长，就要进行人工呼吸抢救。

(5) 在救护中，急救人员一定要沉着，动作要迅速。在进行急救的同时，应通知医生到现场进行诊治。

二、建筑物内发生火灾的自救

建筑物内发生火灾以后，主要从以下三个方面进行自救：

(1) 灭火。及时灭火是火灾自救的首选手段。面对初期火灾，使用燃气的，应立即断开燃气阀，切断电源等，并利用灭火器和消火栓的消防龙头果断将火扑灭。

（2）报警。在扑救初期火灾的同时，应立即拨通“119”火警电话，报清详细地址、单位名称或着火部位、着火物质、火情大小及报警人姓名、电话号码，消防队一般在5分钟左右就会到达现场。

（3）逃生人们在扑灭初期火灾无效时，应及时逃生。逃生时要注意以下几点：

1）不要惊慌，要尽可能做到沉着、冷静，更不要大吵大叫，互相拥挤。

2）正确判断火源、火势和蔓延方向，以便选择合适的逃离路线。

3）回忆和判断安全出口的方向、位置，以便在最短时间内找到安全出口。

4）要有互助友爱精神，听从指挥，有秩序地撤离火场。

5）在逃生时，必须采取措施。因为火灾现场浓烟是有毒的，而且浓烟在室内的上方集聚，所以，越低的地方越安全。逃生者要就地将衣服、帽子、手帕等物弄湿，捂住自己的嘴、鼻，防止烟气呛人或毒气中毒，采用低姿或爬行的方法逃离。

6）无法逃离火场时，要选择相对安全的地方躲避，等待救助。火若是从楼道方向蔓延的，可以关紧房门，向门上泼水降温，设法呼救，等待救助。注意不要鲁莽行事，以免造成其他伤害。

7）遇到火灾时，千万不要乘电梯。

三、毒气泄漏场所逃生

遇到毒气泄漏时，应该立即报告相关部门。因为对于毒气泄漏的处理是具有特殊要求的，作为一般人员，我们也要了解一些毒气泄漏处理的常识。

（1）若在毒气泄漏现场，应立即穿戴防护服装，并检查防毒面具是否有损坏，能否起到防护作用。如果没有佩戴防护服装或防毒面具时，就应该尽快用衣服、帽子、口罩等，保护自己的眼、鼻、口腔，防止毒气摄入。

（2）当毒气泄漏量很大，而又无法采取措施防止泄漏时，特别是在通风条件差、较密闭的场所，在场人员应迅速逃离毒气泄漏场所。

（3）不要慌乱、拥挤，要听从指挥，特别是人员较多时，更不能慌乱，也不要大喊大叫，要镇静、沉着，有秩序地撤离。

（4）撤离时要弄清楚毒气的流向，不可顺着毒气流动的风向走，而要逆向逃离。

（5）逃离泄漏区后，应立即到医院检查，必要时进行排毒治疗。

（6）当毒气泄漏发生时，若没有穿戴防护服，决不能进入事故现场救人，以避免扩大伤害范围。

第四章 职业卫生与个体防护

第一节 职业卫生基础知识

一、职业卫生

1. 职业卫生

职业卫生又称劳动卫生，是劳动保护的重要组成部分，也是预防医学中的一个专门学科。它主要是研究劳动条件对劳动者（及环境居民）健康的影响以及对职业危害因素进行识别、评价、控制和消除，以保护劳动者的健康为目的的一门学科。

2. 职业卫生的研究对象

（1）研究和识别劳动生产过程中对劳动者及环境居民的健康产生不良影响的各种因素（职业危害因素），为改善劳动条件提出措施及卫生要求。

（2）研究和确定职业病及与职业有关疾病的病因，提出诊断标准和防治对策。

（3）研究和制定职业卫生法律、法规及标准，并付诸实施。

3. 职业卫生的基本任务

改善生产职业活动中的劳动环境，控制和消除有害因素对人体的危害，防止职业病的发生，以达到保护劳动者身体健康，提高劳动生产效率，促进生产发展的目的。

二、职业病范围

1. 概念

《职业病防治法》中规定，职业病是指企业、事业单位和个体经济组织（统称用人单位）的劳动者在职业活动中，因接触粉尘、放射性物质和其他有毒、有害物质等因素而引起的疾病。

2. 职业病的分类

目前，我国法定的职业病是由国务院卫生行政部门会同国务院劳动保障行政部门规定、调整公布的，共 10 大类，115 种。

尘肺 13 种，如矽肺、煤工尘肺、石棉肺、水泥工尘肺、电焊工尘肺等；

职业性放射性疾病 11 种，如外照射急性、亚急性、慢性放射病，放射性皮肤病等；

职业中毒 56 种，如铅、苯、汞、锰、有机磷农药中毒等；

物理因素所致职业病 5 种，如中暑、高原病等；

生物因素所致职业病 3 种，如布氏杆菌病、森林脑炎等；

职业性皮肤病 8 种，如接触性皮炎、光敏性皮炎、电光性皮炎等；

职业性眼病 3 种，如职业性白内障、电光性眼炎等；

职业性耳鼻喉口腔疾病 3 种，如噪声聋、铬鼻病等；

职业性肿瘤 8 种，如苯所致的白血病、石棉所致的肺癌、间皮瘤等；

其他职业病 5 种，如职业性哮喘、棉尘病、煤矿井下工人滑囊炎等。

3. 职业病的特点

职业病是由于职业有害因素作用于人体的强度和时间超过一定限

度，人体不能代偿而造成的功能性或器质性病理改变，从而出现相应的临床征象，影响劳动力。职业病具有五个特点：

（1）病因明确。职业病都有明确的致病因素即职业有害因素，消除该有害因素后，可以完全控制职业病的发生。

（2）发病具有接触反应关系，大多数病因是可以通过监测手段衡量的，接触和效应指标之间有明确的剂量—反应关系。

（3）发病具有聚集性。在不同的接触人群中，常有不同的发病群体。

（4）可以预防。如能早诊断，合理处理，预后较好。

（5）大多数职业病目前尚缺乏特效治疗手段，因此保护职业人群的预防措施显得格外重要。

四、职业病的预防

在新建、扩建、改建厂房，或采用新工艺、使用新原料前，应认真考虑预防职业病的问题，认真做好卫生设计工作，对已投产的厂房应从以下措施着手。

（1）生产技术。大搞技术革新、工艺改造。这是预防职业病的重要途径，从根本上改善劳动条件，控制和消除某些职业性毒害；开展废气、废水和废渣的综合利用，变“三废”为“三宝”，不仅可回收化工原料，而且大大减少毒物的危害。

（2）技术措施。增加通风排气设备，对少数高毒物质，必须采取严格密闭，隔离式操作，以避免或减少直接接触。

（3）预防措施。建立劳动卫生职业病防治网。由各级领导负责，有关方面大力协作，建立一个专业防治机构以及劳动保护专职人员组成的防护网，开展职业病的防治工作。建立空气中毒物浓度测定制度，定期测定，以提供改进预防措施的依据。建立工作前体检、定期体检制度。定期体检目的在于早期发现毒物对人体的影响，早期诊断，早期治疗。

（4）合理使用个人防护用品。使用个人防护用品是预防职业中毒的一种辅助措施，个人防护用品包括防护服、口罩、面具、袖套、眼镜等。

五、职业卫生的三级预防原则

职业卫生属于预防医学的范畴，其工作应遵循预防医学的三级预防原则。

（1）一级预防。不接触职业危害因素的损害，采取措施改进生产工艺、生产过程及治理作业环境的职业危害因素，使劳动条件达到国家标准，创造对劳动者的健康没有危害的生产劳动环境。

（2）二级预防。在一级预防达不到要求，职业危害因素已经开始损及劳动者的健康的情况下，应尽早地发现职业危害作业点及职业病病症，对接触职业危害因素的职工进行定期身体检查，以便及早发现问题和病情，迅速采取补救措施。

（3）三级预防。对已患职业病者，应正确诊断，及时处理，及时调离有害作业岗位，积极给予综合治疗和康复治疗，防止病情恶化和并发症，以尽快恢复健康。

六、职业病患者的确认和待遇

职业病的诊断与职业病病人保障应按国家颁发的《职业病防治法》（2002 年 5 月 1 日起施行）及其有关规定执行。凡被确诊患有职业病的职工，职业病诊断机构应发给《职业病诊断证明书》，享受国家规定的工伤保险待遇或职业病待遇。

职工被确诊患有职业病后，其所在单位应根据职业病诊断机构的意见，安排其医治或疗养。在医治或疗养后被确认不宜继续从事原有害作业或工作的，应在确认之日起的两个月内将其调离原工作岗位，另行安排工作。

从事有害作业的职工，其所在单位必须为其建立健康档案。变动工作单位时，事先须经当地职业病防治机构进行健康检查，其检查材料装入健康档案。

各级工会组织有权监督检查患职业病的职工有关待遇的处理情况，对于不按国家规定处理，损害职工合法权益的单位，应出面进行交涉，直至代表职工本人向法院起诉。

第二节　职业危害及预防

一、中毒与防毒

危险化学品中含有有毒及有害成分，对从事危险化学品的作业人员的健康造成极大的威胁。

1. 化学品的毒性危害

有毒化学品对人体的危害最主要是引起中毒。中毒是指人体在有毒化学品的作用下发生功能性和器质性改变后而出现疾病状态，是各种毒性作用后果的综合表现。有毒品对人体危害主要有以下几方面：

（1）引起刺激。一般受刺激的部位为皮肤、眼睛和呼吸系统，如引起皮炎，咳嗽，流泪等。

（2）过敏。刚开始接触时可能不会出现过敏症状，然而长时间的暴露会引起身体的反应。即便是接触低浓度化学物质也会产生过敏反应，皮肤和呼吸系统可能会受到过敏反应的影响，如引起皮疹或水疱或引起职业性哮喘。

（3）缺氧（窒息）。当空气中一氧化碳含量达到 0.05％时就会导致血液携氧能力严重下降，称为血液内窒息。另外，如氰化氢、硫化氢这些物质影响细胞和氧的结合能力，即使血液中含氧充足，这种称为细胞内窒息。

（4）昏迷和麻醉。高浓度的某些化学品，如丙醇、丙酮、乙炔、乙醚、异丙醚会导致中枢神经抑制，这些化学品有类似醉酒的作用，一次大量接触可导致昏迷，甚至死亡。

（5）全身中毒。全身中毒是指化学物质引起的对一个或多个系统产生有害影响并扩展到全身的现象，这种作用不局限于身体的某一点或某一区域。例如苯酚，长期接触可引起全身中毒。

（6）尘肺。尘肺是由于在肺的换气区域发生了小尘粒的沉积以及肺组织对这些沉积物的反应。一般很难在早期发现肺的变化，当 X 射线检查发现这些变化的时候病情已经较重了。尘肺病患者肺的换气功能下降，在紧张活动时将发生呼吸短促症状，这种作用是不可逆的。能引起尘肺病的物质有石英晶体、石棉、滑石粉、煤粉和铍。

（7）致畸、致癌、致突变。接触危险化学品可能对未出生的胎儿造成危害，干扰胎儿的正常发育。一些实验结果表明 80％～85％的致癌化学物质对后代有影响，而 85％的癌症与化学物质接触有关，有些癌症要在接触化学物质多年以后才表现出来，潜伏期一般为 4～40 年。

2. 毒物进入人体的途径

毒物进入人体的途径通常有以下三种：

（1）呼吸道吸收。在生产条件下，毒物多数是经呼吸道进入人体的。这是最主要、最常见、最危险的途径。在生产过程中，以气体蒸气雾、烟、粉尘等不同形态存在于生产环境中的毒物随时可被吸入呼吸道。

（2）皮肤吸收。有些毒物可以通过皮肤和毛囊与皮脂腺、汗腺而被吸收。由于表皮的屏障作用，相对分子质量大于300的物质不易被吸收。只有高度脂溶性和水溶性的物质（如苯胺）才易经皮肤吸收。毒物经毛囊、皮脂腺和汗腺吸收时绕过表皮，故电解质和某些金属，特别是金属汞可经此途径被吸收。

（3）胃肠道吸收。在生产环境中，毒物单纯经胃肠道吸收的情况比较少见，多是不良卫生习惯造成的，如被毒物污染的手直接拿食物吃或饮水而导致中毒。毒物进入胃肠道后，大多随粪便排出，只有一小部分进入血液循环系统。

3. 常见的职业中毒

（1）刺激性气体中毒。刺激性气体是指对人的眼睛、皮肤，特别是对呼吸道具有刺激作用的一类气体的总称。常见的刺激性气体主要有氯气、氨气、氮氧化物、光气、二氧化硫等。刺激性气体对人体健康的危害与接触浓度的大小和接触时间的长短有关，轻度刺激作用，可以是短暂的，也可以是一次性的，不再接触或吸入，不适反应很快就会消失，不治也可能会好；明显或严重的刺激作用，不仅出现刺激反应，而且会造成人体器官、系统组织的破坏，出现一系列症状体征，甚至危及人的生命。

（2）窒息性气体中毒。窒息性气体是指吸入该气体后，造成人体组织处于缺氧状态的一类气体。窒息性气体一般分为以下三类：

1）单纯窒息性气体。如氮气、甲烷、二氧化碳等，这类气体本身毒性很小或无毒，但当它们在空气中的含量增加时，就会相应降低空气中氧的含量，造成人体吸入氧不足而发生窒息。

2）血液窒息性气体，如一氧化碳，吸入后造成红细胞输送氧的能力降低而发生窒息。

3）细胞窒息性气体，如硫化氢、氰化氢等，吸入后造成人体组织细胞不能利用氧而发生窒息。

（3）铅中毒 。在开采铅矿、铅冶炼、铅排印等操作中，经常可接触到铅，因接触的剂量不同可导致急性铅中毒和慢性铅中毒，从而引起肝、脑、肾等器官的改变。

（4）汞中毒。接触汞可引起急性中毒和慢性中毒症状，其中慢性汞中毒是职业性汞中毒中最常见的类型。主要表现有口腔炎，部分患者出现全身皮疹，神经衰弱综合征等，有时肾脏也受损害。

（5）苯中毒。苯应用非常广泛，工业上接触苯的机会也比较多。急性苯中毒主要表现为中枢神经系统症状，部分患者可有化学性肺炎、肺水肿及肝肾损害。慢性中毒主要影响造血功能系统及中枢神经系统。

4. 防毒措施

预防有毒化学品对人体的危害，必须坚持“预防为主，防治结合”的方针，必须坚持“分类管理，综合治理”的原则，必须实施“法制管理，技术控制和全民教育”的策略。防毒的具体措施主要包括技术、教育、管理等三项措施。防毒技术措施主要是指对工艺、设备、操作方面，从安全防毒角度考虑设计、计划、检查、保养等措施，如进行工艺改革，以无毒、低毒的物料代替有毒高毒的物料，生产设备管道化，密闭化，机械操作自动化等。防毒的管理教育措施主要是加强防毒的宣传教育，健全有关防毒的管理制度，严格执行“三同时”方针。对从事有毒有害作业工种的工人，实行保健措施，重视个人卫生，同时，各单位的卫生保健部门应培训医务人员进行有关中毒的急救处理，积极开展预防职业中毒的各项工作。

二、粉尘危害及预防

粉尘是指能够长时间浮游于空气中的固体微粒。在生产过程中形成的粉尘叫做生产性粉尘。生产性粉尘根据其性质可分为无机粉尘（如石棉、煤粉、滑石等）、有机粉尘（如面粉、炸药、树脂等）和混合性粉尘，生产中最常见的是混合性粉尘。

1. 粉尘对健康的危害

（1）尘肺。长期吸入粉尘达到一定量后，引起以肺组织为主的全身性疾病叫做尘肺。尘肺是目前我国最严重的职业危害病，我国卫生部公布的职业病名单中，列有 13 种尘肺病，如石棉肺、煤尘肺和矽肺等。

（2）中毒。吸入含铅、砷、锰、铍的粉尘可引起职业性中毒。

（3）粉尘沉着症。吸入一定量的铁、锡、钡等粉尘（如容器除锈、不注意防护，可吸入铁末尘），尘末在肺部沉着，构成一种病情轻、进展慢的肺部疾病，叫粉尘沉着症。

（4）过敏性疾病。吸入含苯酐粉尘、甲苯二异氰酸酯可引起哮喘。

（5）局部作用。粉尘可造成皮脂腺孔堵塞，使皮肤干燥、皴裂，引起粉刺、毛囊炎，严重时可引起脓皮病。

2. 粉尘的预防措施

我国在防尘工作中总结出来的行之有效的经验是“革、水、密、风、护、管、教、查”的八字方针。“革”是指技术革新和技术改造；“水”是指湿式作业；“密”是指密闭尘源；“风”是指抽风除尘；“护”即个人防护；“管”是指维护管理，建立各种制度；“教”是指宣传教育；“查”是指及时检查，定期测尘和健康检查。只要能合理地执行八字方针，粉尘的危害是完全可以减少或消除的。

三、物理性危害因素及预防

1. 噪声危害与预防

（1）噪声的危害。噪声是指不同频率和不同强度的声音无规律地组合在一起所形成的声音，是人们不希望有的声音，是一种公害。它不仅能使一些物理装置和设备产生疲劳和失效，以及干扰人们对其他声源信号的感觉和鉴别，更重要的是会影响人们的生活和工作。通过对生产现场调查和临床观察证明，无防护措施的生产性强噪声，对人体能产生多种不良影响，甚至形成噪声性疾病。主要表现在以下两方面：

1）对听觉系统的影响。每个人对噪声的感觉各不相同，但任何人的听觉都会受到噪声的损害。当脱离噪声影响一段时间后，听力仍能恢复。但是一旦发生暂时性听觉位移，如不及时采取预防措施，就很容易发生永久性听觉位移，继而发展成为噪声性耳聋。

2）对神经、消化、心血管等系统的影响。噪声可引起头痛、头晕、记忆力减退、睡眠障碍等神经衰弱综合征；可引起心率加快或减慢、血压升高或降低等改变；也可引起食欲减退、腹胀等胃肠功能紊乱；还可对视力、血糖等产生影响。

（2）噪声的预防措施：

1）严格执行噪声卫生标准。为了保护劳动者听力不受损伤，国家制定了《工业企业卫生标准》。标准中规定，操作人员每天连续接触噪声 8 小时，噪声声级卫生限制为 85 分贝；若每天接触噪声时间达不到 8 小时者，可根据实际接触时间，按照接触时间减半，允许增加 3 分贝，但是，噪声接触强度最大不得超过 115 分贝。

2）噪声控制。这是控制噪声最根本的办法。主要应在设计、制造生产工具或机械过程中，通过工艺改革，机械结构改造，隔声、控制设备振动等措施来尽力实现。另外，还应控制噪声的传播，如可利用多孔吸声材料进行室内噪声的吸声，在操作室与存在噪声源场所之间安装双层玻璃窗进行隔声，对机泵、电机、空气压缩机之类的设备可根据吸声反射、干涉等原理设计消声部件进行消声。

3）正确使用和选择个人防护用品。在强噪声环境中工作的人员，要合理选择和利用个人防护器材，如耳罩、耳塞、防噪声头盔等。

4）医学监护。就业前认真做好健康体检，严格控制职业禁忌。对从业人员要定期进行健康体检，发现有明显听力影响者，要及时调离噪声作业环境。

2. 振动危害与预防

（1）振动的危害。物体在外力作用下以中心位置为基准，做直线或弧线的往复运动，称为振动。人体器官在经受振动中有各种感觉方式，从愉快的到不愉快的、不安的甚至是危害性的。振动分为局部振动和全身振动。长期接触局部振动的人，可有头昏、失眠、心悸、乏力等不适，还有手麻、手痛、手凉、手掌多汗、遇冷后手指发白等症状，甚至工具拿不稳、吃饭掉筷子。而长期全身振动，可出现脸色苍白、出汗、唾液多、恶心、呕吐、头痛、头晕、食欲不振等现象，还可有体温、血压降低、全身衰竭等症状。

（2）预防措施：

1）改革工艺。如用化学除锈剂代替强烈振动的机械除锈工艺，用水瀑清砂代替风铲清砂，用液压焊接、粘接代替铆接等，都可明显减少振动。

2）采取隔振措施。压缩机与楼板接触处，用橡胶垫等隔振材料，减少振动。

3）改进风动工具。采取减振措施，设计自动、半自动式操纵装置，减少手及肢体直接接触振动体，或提高工具把手温度，改进压缩空气进出口的方位，防止手部受冷风吹袭。

4）合理安排接振时间。可以采取轮流作业或增加工间休息时间来达到。

5）加强个人防护。个人防护也是预防振动的一个重要方面，可配备减振手套，休息时用40～60℃的热水浸泡手，每次10分钟左右，就业前和就业后定期体格检查，凡是不适合从事振动作业的人，要妥善安排其他工作。

3. 辐射危害与预防

（1）辐射的危害。辐射是能量的一种形式，一般无法通过视觉、嗅觉、感觉、听觉和味觉来发现它的存在。辐射一般分为两类：电离辐射和非电离辐射。这两类辐射都会造成危害。凡是能引起物质电离的各种辐射都称为电离辐射，电离辐射的辐射源包括X射线、γ射线、α粒子、β粒子、中子和其他核粒子。电离辐射对人体引起的职业病主要是放射病。放射性疾病是人体受各种电离辐射照射而发生的各种类型和不同程度损伤（或疾病）的总称，它包括全身性放射性疾病，如急慢性放射病；局部放射性疾病，如急慢性放射性皮炎，放射性白内障；放射所致远期损伤，如放射所致白血病。非电离辐射包括紫外辐射、红外辐射、可见光辐射、射频辐射和微波、激光辐射。强烈的紫外辐射可引起电光性眼炎、皮炎等；红外线最容易引起的职业病是白内障；射频辐射可出现中枢神经系统和植物神经系统功能紊乱，心血管系统方面的疾病；而激光主要是引起人的眼部和皮肤造成损伤。

（2）预防措施。对操作人员来说最基本的防护措施是减少外照射和防止内照射，即在进行放射性物质操作时要尽可能缩短被照射的时间，尽量加大操作人员与放射源的距离，正确使用个人防护用品，设置防护屏障，同时还要做好健康监护，定期对危险范围内的人员进行体格检查，有不适应者，不得参加此项工作。

第三节 个体防护

个体防护器具的应用是防止职业危害因素直接侵入人体的最后一道防线。有些较差的劳动环境难以一时治理好，而劳动者的工作时间又较短时，就应该做好个体防护，防止其危害。

一、呼吸系统防护

呼吸系统防护主要是防止有毒气体、蒸气、尘、烟、雾等有害物质经呼吸器官进入人体内，从而对人体造成损害。在尘毒污染、事故处理、抢救、检修、剧毒操作以及在狭小仓库内作业时，要求都必须选用可靠的呼吸器官保护用具。

1. 呼吸防护设备的种类

按用途分，呼吸器可分为防尘、防毒、供氧三类。

按作用原理分，呼吸器分为过滤式（净化式）、隔绝式（供气式）两类。过滤式呼吸器的功能是滤除人体吸入空气中的有害气体、工业粉尘等，使之符合《工业企业卫生标准》。隔绝式呼吸器的功能是使戴用者呼吸系统与劳动环境隔离，由呼吸器自身供气（氧气或空气）或从清洁环境中引入纯净空气维持人体正常呼吸，适用于缺氧、严重污染等有生命危害的工作场所戴用。

2. 呼吸器官的防护

选用原则：一是防护有效；二是戴用舒适；三要经济。工作现场既要考虑可能发生的染毒危害配备特殊的呼吸器，又要根据实际的污染程度选用呼吸器的品种。一般情况下，过滤式面具适合毒物浓度不高的场合，在毒物浓度高的情况下，应用氧气呼吸器或空气呼吸器。使用呼吸器前一定要检查完好，并学会正确使用方法。

二、头部防护

1. 头部的伤害因素

（1）物体打击伤害。在生产过程中，如开采矿山、建筑施工、爆破等，可能发生物件、岩石、土块、工具和零部件等从高处坠落或抛出，击中在场人员的头部而造成头部伤害。

（2）机械性损伤。生产过程中旋转的机床、叶轮、皮带等，可造成作业人员的毛发和头皮受损，严重时还会危及生命。

（3）高处坠落伤害。在生产中，如安装、维修、攀高等高处作业时有可能发生人体坠落事故。

（4）毛发（头皮）的污染伤害。粉尘作业、农药喷射时容易污染毛发。

2. 头部防护用品的种类

头部防护用品是为防御头部不受外来物体打击和其他因素危害而配备的个体防护装备。根据防护功能分为安全帽、防护头罩和工作帽三类。

（1）安全帽。安全帽是生产中广泛使用的头部防护用品，它的作用在于：当作业人员受到坠落物、硬质物体的冲击或挤压时，减少冲击力，消除或减轻其对人体头部的伤害。安全帽属于国家特种防护用品工业生产许可证管理的产品。标准《安全帽》（GB 2811—2007）是强制执行的标准。选择安全帽时，一定要选择符合国家标准规定、标志齐全，经检验合格的安全帽。使用安全帽时，要掌握正确的使用和保养方法。据有关部门统计，坠落物体伤人事故中15%是因为安全帽使用不当造成的。因此，在使用过程中一定要注意以下问题：

1）使用之前一定要检查安全帽上是否有裂纹、碰伤痕迹、磨损，安全帽上如存在影响其性能的明显缺陷就应该及时报废，以免影响防护作用。

2）不能随意在安全帽上拆卸或添加附件，以免影响其原有的防护性能。

3）不能随意调节帽的尺寸，因为安全帽的尺寸直接影响其防护性能。

4）使用时要将安全帽戴牢戴正，防止安全帽脱落。

5）受过冲击或做过试验的安全帽要予以报废。

6）不能私自在安全帽上打孔，以免影响其强度。

7）要注意安全帽的有效期，超过有效期的安全帽应该报废。

（2）工作帽。工作帽又叫护发帽，主要是对头部，特别是对头发起到保护作用，它可以保护头发不受灰尘、油烟和其他环境因素的污染，也可以避免头发被卷入转动的传动带或滚轴里，还可以起到防止异物进入颈部的作用。

(3) 防护头罩。防护头罩是使头部免受火焰、腐蚀性烟雾、粉尘以及恶劣气候伤害的个人防护装备。

三、眼、面部防护

伤害眼、面部的因素较多，如各种高温热源、射线、光辐射、电磁辐射、气体、熔融金属等异物飞溅、爆炸等都是造成眼、面部的伤害因素。眼面部防护用品包括眼镜、眼罩和面罩三类。眼面部防护用品主要用以保护作业人员的眼面部，防止各种伤害。目前我国眼面防护用品主要有：焊接用眼防护具，炉窑用眼防护具，防冲击眼防护具，微波防护镜，激光防护镜，尘毒防护镜等。

四、皮肤的防护

1. 护肤用品的种类

护肤剂分为水溶性和脂溶性两类，前者防油溶性毒物，后者防水溶性毒物。护肤剂一般在整个劳动过程中使用，涂用时间长，上班时涂抹，下班后清洗，可起一定隔离作用，使皮肤得到保护。

2. 常用护肤用品

(1) 防护膏。防护膏的作用是增加涂展性，即对皮肤的附着性，从而能隔绝有害物质的侵入。防护膏有亲水性防护膏、疏水性防护膏、遮光护肤膏和滋润性防护膏。

(2) 护肤霜。护肤霜主要用于预防和治疗皮肤干燥、粗糙、皲裂及职业性皮肤干燥。特别适宜于接触吸水性或碱性粉尘、能溶解皮脂的有机溶剂和肥皂等碱性溶液，也特别适用于露天、水上作业等工种。

(3) 皮肤清洗剂。包括皮肤清洗液和皮肤干洗膏。皮肤清洗液适用于汽车修理、机械维修、机床加工、钳工装配、煤矿采挖、石油开采、原油提炼、印刷油印、设备清洗等行业。皮肤干洗膏主要用于在无水情况下，去除手上的油污，如汽车司机在途中检修排除故障、在野外勘探等环境。

(4) 皮肤防护膜。皮肤防护膜又叫隐形手套，其作用是附着于皮肤表面，阻止有害物质对皮肤的刺激和吸收作用。

五、手、足部的防护

1. 手的防护用品

手的防护是指劳动者根据作业环境中的有害因素戴用特别手套，以防止各种手伤事故。

防护手套主要品种有耐酸碱手套、电工绝缘手套、电焊工手套、防寒手套、耐油手套、防X射线手套、石棉手套等10余种。

2. 足部防护用品

足部防护用品是指劳动者根据作业环境中的有害因素，为防止可能发生的足部伤害或其他事故，所穿用特制的靴（鞋）。主要有防静电鞋和导电鞋、绝缘鞋、防砸鞋、防酸碱鞋、防油鞋、防滑鞋、防寒鞋、防水鞋等。

附一：

厂区动火作业安全规程

HG 23011—1999

1　范围

本标准规定了化工企业生产区域动火作业分类、安全防火要求、动火分析及合格标准、《动火安全作业证》的管理等。

本标准适用于化工企业生产区域易燃易爆场所的动火作业。

本标准不适用于化工企业生产区域的固定动火区作业和固定用火作业。

2　引用标准

下列标准所包含的条文，通过在本标准中引用而构成为本标准的条文。本标准出版时，所示版本均为有效。所有标准都会被修订，使用本标准的各方应探讨使用下列标准最新版本的可能性。

GBJ 16—87　建筑设计防火规范

G23012—1999　厂区设备内作业安全规程

G23014—1999　厂区高处作业安全规程

3　定义

本标准采用下列定义：

3.1　动火作业

在禁火区进行焊接与切割作业及在易燃易爆场所使用喷灯、电钻、砂轮等进行可能产生火焰、火花和赤热表面的临时性作业。

3.2　易燃易爆场所

生产和储存物品的场所符合 GBJ 16—87 中火灾危险分类为甲、乙类的区域。

4　动火作业分类

动火作业分为特殊危险动火作业、一级动火作业和二级动火作业三类。

4.1　特殊危险动火作业

在生产运行状态下的易燃易爆物品生产装置、输送管道、储罐、容器等部位上及其他特殊危险场所的动火作业。

4.2　一级动火作业

在易燃易爆场所进行的动火作业。

4.3　二级动火作业除特殊危险动火作业和一级动火作业以外的动火作业。

4.4　凡厂、车间或单独厂房全部停车，装置经清洗置换、取样分析合格并采取安全隔离措施后，可根据其火灾、爆炸危险性大小，经厂安全防火部门批准，动火作业可按二级动火作业管理。

4.5　遇节日、假日或其他特殊情况时，动火作业应升级管理。

5　动火作业安全防火要求

5.1　一级和二级动火作业

5.1.1　动火作业必须办理动火安全作业证。进入设备内、高处等进行动火作业，还应执行

HG 23012、HG 23014 的规定。

5.1.2　厂区管廊上的动火作业按一级动火作业管理。带压不置

换动火作业按特殊危险动火作业管理。

5.1.3　凡盛有或盛过化学危险物品的容器、设备、管道等生产、储存装置，必须在动火作业前进行清洗置换，经分析合格后方可动火作业。

5.1.4　凡在处于 GBJ 16—87 规定的甲、乙类区域的管道、容器、塔罐等生产设施上动火作业时，必须将其与生产系统彻底隔离，并进行清洗置换，取样分析合格后方可动火作业。

5.1.5　高空进行动火作业，其下部地面如有可燃物、空洞、阴井、地沟、水封等，应检查分析，并采取措施，以防火花溅落引起火灾爆炸事故。

5.1.6　拆除管线的动火作业，必须先查明其内部介质及其走向，并制定相应的安全防火措施；在地面进行动火作业，周围有可燃物，应采取防火措施。动火点附近如有阴井、地沟、水封等应进行检查、分析，并根据现场的具体情况采取相应的安全防火措施。

5.1.7　在生产、使用、储存氧气的设备上进行动火作业，其氧含量不得超过 20%。

5.1.8　五级风以上（含五级风）天气，禁止露天动火作业。因生产需要确需动火作业时，动火作业应升级管理。

5.1.9　动火作业应有专人监火。动火作业前应清除动火现场及周围的易燃物品，或采取其他有效的安全防火措施，配备足够适用的消防器材。

5.1.10　动火作业前，应检查电、气焊工具，保证安全可靠，不准带病使用。

5.1.11　使用气焊焊割动火作业时，氧气瓶与乙炔气瓶间距应不小于 5 m，二者与动火作业地点均应不小于 10 m，并不准在烈日下曝晒。

5.1.12　在铁路沿线（25 m 以内）的动火作业，如遇装有化学危险物品的火车通过或停留时，必须立即停止作业。

5.1.13　凡在有可燃物或难燃物构件的凉水塔、脱气塔、水洗塔等内部进行动火作业时，必须采取防火隔绝措施，以防火花溅落引起火灾。

5.1.14　动火作业完毕应清理现场，确认无残留火种后方可离开。

5.2　特殊危险动火作业

特殊危险动火作业在符合 5.1 规定的同时，还应符合以下规定：

5.2.1　在下列情况下不准进行带压不置换动火作业。

5.2.1.1　生产不稳定。

5.2.1.2　设备、管道等腐蚀严重。

5.2.2　必须制定施工安全方案，落实安全防火措施。动火作业时，车间主管领导、动火作业与被动火作业单位的安全员、厂主管安全防火部门人员、主管厂长或总工程师必须到现场，必要时可请专职消防队到现场监护。

5.2.3　动火作业前，生产单位要通知工厂生产调度部门及有关单位，使之在异常情况下能及时采取相应的应急措施。

5.2.4　动火作业过程中，必须设专人负责监视生产系统内压力变化情况，使系统保持不低于 980.665 Pa（100 mm 水柱）正压。低于 980.665 Pa（100 mm 水柱）压力应停止动火作业，查明原因并采取措施后方可继续动火作业，严禁负压动火作业。

5.2.5　动火作业现场的通排风要良好，以保证泄漏的气体能顺畅排走。

6　动火分析及合格标准

6.1　动火分析应由动火分析人进行。凡是在易燃易爆装置、管道、储罐、阴井等部位及其他认为应进行分析的部位动火时，动火作业前必须进行动火分析。

6.2　动火分析的取样点，均应由动火所在单位的专（兼）职安全员或当班班长负责提出。

6.3　动火分析的取样点要有代表性，特殊动火的分析样品应保留到动火结束。

6.4　取样与动火间隔不得超过 30 min，如超过此间隔或动火作业中断时间超过 30 min 时，必须重新取样分析。

如现场分析手段无法实现上述要求者，应由主管厂长或总工程师签字同意，另做具体处理。

6.5　使用测爆仪或其他类似手段进行分析时，检测设备必须经被测对象的标准气体样品标定合格。

6.6　动火分析合格判定

6.6.1　如使用测爆仪或其他类似手段时，被测的气体或蒸气浓度应小于或等于爆炸下限的 20%。

6.6.2　使用其他分析手段时，被测的气体或蒸气的爆炸下限大于等于 4%时，其被测浓度小于等于 0.5%；当被测的气体或蒸气的爆炸下限小于 4%时，其被测浓度小于等于 0.2%。

7　《动火安全作业证》的管理

7.1　《动火安全作业证》

《动火安全作业证》为两联，特殊危险动火、一级动火、二级动火安全作业证分别以三道、二道、一道斜红杠加以区分。《动火安全作业证》的格式见附录A。

7.2 《动火安全作业证》的办理程序和使用要求

7.2.1 《动火安全作业证》由申请动火单位指定动火项目负责人办理。办证人应按《动火安全作业证》的项目逐项填写，不得空项，然后根据动火等级，按7.4规定的审批权限办理审批手续，最后将办理好的《动火安全作业证》交动火项目负责人。

7.2.2 动火负责人持办理好的《动火安全作业证》到现场，检查动火作业安全措施落实情况，确认安全措施可靠并向动火人和监火人交代安全注意事项后，将《动火安全作业证》交给动火人。

7.2.3 一份《动火安全作业证》只准在一个动火点使用，动火后，由动火人在《动火安全作业证》上签字。如果在同一动火点多人同时动火作业，可使用一份《动火安全作业证》，但参加动火作业的所有动火人应分别在《动火安全作业证》上签字。

7.2.4 《动火安全作业证》不准转让、涂改，不准异地使用或扩大使用范围。

7.2.5《动火安全作业证》一式两份，终审批准人和动火人各持一份存查。特殊危险《动火安全作业证》由主管安全防火部门存查。

7.3 《动火安全作业证》的有效期限

7.3.1 特殊危险动火作业的《动火安全作业证》和一级动火作业的《动火安全作业证》的有效期为24 h。

7.3.2 二级动火作业的《动火安全作业证》的有效期为120 h。

7.3.3 动火作业超过有效期限，应重新办理《动火安全作业证》。

7.4 《动火安全作业证》的审批

7.4.1 特殊危险动火作业的《动火安全作业证》由动火地点所在单位主管领导初审签字，经主管安全防火部门复检签字后，报主管厂长或总工程师终审批准。

7.4.2 一级动火作业的《动火安全作业证》由动火地点所在单位主管领导初审签字后，报主管安全防火部门终审批准。

7.4.3 二级动火作业的《动火安全作业证》由动火地点所在单位的主管领导终审批准。

8 职责要求

8.1 动火项目负责人

动火项目负责人对动火作业负全面责任，必须在动火作业前详细了解作业内容和动火部位及周围情况，参与动火安全措施的制定、落实，向作业人员交代作业任务和防火安全注意事项；作业完成后，组织检查现场，确认无遗留火种，方可离开现场。

8.2 动火人

独立承担动火作业的动火人必须持有特殊工种作业证，并在《动火安全作业证》上签字。若带徒作业时，动火人必须在场监护。动火人接到《动火安全作业证》后，应核对证上各项内容是否落实，审批手续是否完备，若发现不具备条件时，有权拒绝动火，并向单位主管安全防火部门报告。动火人必须随身携带《动火安全作业证》，严禁无证作业及审批手续不完备的动火作业。动火前（包括动火停歇期超过 30 min 再次动火），动火人应主动向动火点所在单位当班班长呈验

《动火安全作业证》，经其签字后方可进行动火作业。

8.3　监火人

监火人应由动火点所在单位指定责任心强、有经验、熟悉现场、掌握消防知识的人员担任，必要时，也可由动火单位和动火点所在单位共同指派。新项目施工动火，由施工单位指派监火人。监火人所在位置应便于观察动火和火花溅落，必要时可增设监火人。

监火人负责动火现场的监护与检查，随时扑灭动火飞溅的火花；发现异常情况应立即通知动火人停止动火作业，及时联系有关人员采取措施。监火人必须坚守岗位，不准脱岗。在动火期间，不准兼作其他工作，在动火作业完成后，要会同有关人员清理现场，清除残火，确认无遗留火种后方可离开现场。

8.4　动火部门负责人

被动火单位班组长（值班长、工段长）为动火部位的负责人，应对所属生产系统在动火过程中的安全负责，并参与制定、负责落实动火安全措施，负责生产与动火作业的衔接，检查《动火安全作业证》。对审批手续不完备的《动火安全作业证》有制止动火作业的权力。在动火作业中，生产系统如有紧急或异常情况，应立即通知停止动火作业。

8.5　动火分析人

动火分析人应对动火分析手段和分析结果负责，根据动火地点所在单位的要求，亲自到现场取样分析，在《动火安全作业证》上填写取样时间和分析数据并签字。

8.6　安全员

执行动火单位和动火点所在单位的安全员应负责检查本标准执行

情况和安全措施落实情况，随时纠正违章作业，特殊危险动火、一级动火，安全员必须到现场。

8.7　动火作业的审查批准人

各级动火作业的审查批准人审批动火作业时必须亲自到现场，了解动火部位及周围情况，确定是否需作动火分析，审查并明确动火等级，检查、完善防火安全措施，审查《动火安全作业证》的办理是否符合7.2要求。在确认准确无误后，方可签字批准动火作业。

表1　　动火安全作业证

<table>
<tr><td colspan="2">动火地点：</td></tr>
<tr><td colspan="2">动火方式：</td></tr>
<tr><td>动火执行人：</td><td>动火负责人：</td></tr>
<tr><td colspan="2">动火时间：
年　月　日　时　分始至　年　月　日　时　分止</td></tr>
<tr><td colspan="2">安全措施：</td></tr>
<tr><td>动火安全措施编制人：</td><td>组织实施人：</td></tr>
<tr><td colspan="2">监火人：</td></tr>
<tr><td colspan="2">动火审批人：</td></tr>
<tr><td colspan="2">特殊动火会签：</td></tr>
<tr><td colspan="2">动火前，岗位当班班长验票签字：</td></tr>
</table>

附二：

厂区设备内作业安全规程

HG 23012—1999

1 范围

本标准规定了设备内作业安全要求、《设备内安全作业证》的管理。

本标准适用于化工企业生产区域的设备内作业。

2 引用标准

下列标准所包含的条文，通过在本标准中引用而构成为本标准的条文。本标准出版时，所示版本均为有效。所有标准都会被修订，使用本标准的各方应探讨使用下列标准最新版本的可能性。

TJ 36—79 工业企业设计卫生标准

GBJ 16—87 建筑设计防火规范

GB 3805—83 安全电压

GB 3787—83 手持式电动工具的管理、使用、检查和维修安全技术规程

GB 388.1—1991 手持电动工具的安全

GB 13955—1992 漏电保护器安装和运行

HG 23014—1999 厂区高处作业安全规程

HG 23011—1999 厂区动火作业安全规程

《化工企业安全管理制度》 化学工业部 1991

3 定义

本标准采用下列定义：

3.1 设备

化工生产区域内的各类塔、球、釜、槽、罐、炉膛、锅筒、管道、容器以及地下室、阴井、地坑、下水道或其他封闭场所。

3.2 设备内作业

进入化工生产区域内的各类塔、球、釜、槽、罐、炉膛、锅筒、管道、容器以及地下室、阴井、地坑、下水道或其他封闭场所内进行的作业。

4 设备内作业安全要求

4.1 安全隔绝

设备上所有与外界连通的管道、孔洞均应与外界有效隔离。设备上与外界连接的电源应有效切断。

4.1.1 管道安全隔绝可采用插入盲板或拆除一段管道进行隔绝，不能用水封或阀门等代替盲板或拆除管道。

4.1.2 电源有效切断可采用取下电源保险熔丝或将电源开关拉下后上锁等措施，并加挂警示牌。

4.2 清洗和置换

进入设备内作业前，必须对设备内进行清洗和置换，并达到下列要求：

4.2.1 氧含量18%～21%。

4.2.2 有毒气体浓度应符合《化工企业安全管理制度》的规定。

4.2.3 可燃气体浓度应符合《化工企业安全管理制度》的规定。

4.3 通风

应采取措施，保持设备内空气良好流通。

4.3.1 打开所有人孔、手孔、料孔、风门、烟门进行自然通风。

4.3.2 必要时，可采取机械通风。

4.3.3 采用管道空气送风时，通风前必须对管道内介质和风源进行分析确认。

4.3.4 不准向设备内充氧气或富氧空气。

4.4 定时监测

4.4.1 作业前30 min内，必须对设备内气体采样分析，分析合格后应在办理《设备内安全作业证》后方可进入设备。《设备内安全作业证》格式见附录A。

4.4.2 采样点应有代表性。

4.4.3 作业中应加强定时监测，情况异常时应立即停止作业，并撤离人员，经作业现场处理后，取样分析合格方可继续作业。

4.4.4 作业人员离开设备时，应将作业工具带出设备，不准留在设备内。

4.4.5 涂刷具有挥发性溶剂的涂料时，应做连续分析，并采取可靠通风措施。

4.5 照明和防护措施

4.5.1 进入不能达到清洗和置换要求的设备内作业时，必须采取相应防护措施。

4.5.1.1 在缺氧、有毒环境中，应佩戴隔离式防毒面具。

4.5.1.2 在易燃易爆环境中，应使用防爆型低压灯具及不发生火花的工具，不准穿戴化纤织物。

4.5.1.3 在酸碱等腐蚀性环境中，应穿戴好防腐蚀护具。

4.5.2 设备内照明电压应小于等于 36 V，在潮湿容器、狭小容器内作业应小于等于 12 V。

4.5.3 使用超过安全电压的手持电动工具，必须按规定配备漏电保护器。

4.5.4 临时用电线路装置，应按规定架设和拆除，线路绝缘保证良好。

4.6 多工种、多层交叉作业安全措施

4.6.1 应采取互相之间避免伤害的措施。

4.6.2 应搭设安全梯或安全平台，必要时由监护人用安全绳拴住作业人员进行施工。

4.6.3 设备内作业过程中，不能抛掷材料、工具等物品，交叉作业要有防止层间落物伤害作业人员的措施。

4.6.4 设备外应备有空气呼吸器（氧气呼吸器）、消防器材和清水等相应的急救用品。

4.7 监护

4.7.1 设备内作业必须有专人监护。

4.7.2 进入设备前，监护人应会同作业人员检查安全措施，统一联系信号。

4.7.3 险情重大的设备内作业，应增设监护人员，并随时与设备内取得联系。

4.7.4 监护人员不得脱离岗位。

4.7.5 设备内事故抢救时，救护人员必须做好自身防护方能进入设备内实施抢救。

5 《设备内安全作业证》的管理

5.1 设备内作业必须办理《设备内安全作业证》。

5.2 《设备内安全作业证》由施工单位或交出设备单位负责办理。

5.3 作业单位接到《设备内安全作业证》后，由该项目的负责人填写作业证上作业单位应填写的各项内容。

5.4 《设备内安全作业证》安全措施栏应填写具体的安全措施。

5.5 《设备内安全作业证》应由交出单位和作业单位的领导共同确认、审批签字后方为有效。

5.6 在设备内进行高处作业应按 G23014 办理《高处安全作业证》。

5.7 在设备内进行动火作业应按 G23011 办理《动火安全作业证》。

5.8 《设备内安全作业证》应经作业人员确认无误，并由车间值班长或工长再次确认无误后，方准许进入设备内作业。

5.9 设备内作业因工艺条件、作业环境条件改变，应重新办理《设备内安全作业证》，方准许继续作业。

5.10 设备内作业结束后，应认真检查设备内外，确认无问题后方可封闭设备。

设备内安全作业证

表 1 **设备内安全作业证**

<table>
<tr><td rowspan="6">设备交出单位负责项目栏</td><td colspan="7">交出设备单位：</td></tr>
<tr><td colspan="7">交出设备名称：</td></tr>
<tr><td colspan="7">检修作业内容：</td></tr>
<tr><td colspan="7">设备内主要介质：</td></tr>
<tr><td colspan="7">作业时间：　　年　月　日起至　　年　月　日止</td></tr>
<tr><td colspan="7">设备隔绝安全措施：
确认人签字：</td></tr>
<tr><td rowspan="7">检修单位负责项目栏</td><td colspan="7">审批人：　　年　月　日</td></tr>
<tr><td colspan="7">检修单位：</td></tr>
<tr><td colspan="7">检修项目负责人：</td></tr>
<tr><td colspan="7">检修作业监护人：</td></tr>
<tr><td colspan="7">作业中可能产生的有害物质：</td></tr>
<tr><td colspan="7">检修作业安全措施（包括抢救后备措施）：</td></tr>
<tr><td colspan="7">审批人：　　年　月　日</td></tr>
<tr><td>分析项目</td><td>合格标准</td><td>分析数</td><td>氧含量</td><td>取样时间</td><td>取样部位</td><td colspan="2">分析人</td></tr>
<tr><td></td><td></td><td></td><td></td><td></td><td></td><td colspan="2"></td></tr>
<tr><td></td><td></td><td></td><td></td><td></td><td></td><td colspan="2"></td></tr>
<tr><td></td><td></td><td></td><td></td><td></td><td></td><td colspan="2"></td></tr>
<tr><td></td><td></td><td></td><td></td><td></td><td></td><td colspan="2"></td></tr>
<tr><td colspan="8">终审审批：
审批签字：
年　月　日</td></tr>
</table>

附三：

厂区高处作业安全规程

HG 23014—1999

1　范围

本标准规定了化工生产区域的高处作业定义、分类与分级、安全要求与防护和《高处安全作业证》的管理。

本标准适用于化工企业生产区域的高处作业。

2　定义

本标准采用下列定义：

2.1　高处作业

凡距坠落高度基准面 2 m 及其以上，有可能坠落的高处进行的作业，称为高处作业。

2.2　坠落高度基准面

从作业位置到最低坠落着落点的水平面，称为坠落高度基准面。

2.3　异温高处作业

在高温或低温情况下进行的高处作业。高温是指工作地点具有生产性热源，其气温高于本地区夏季室外通风设计计算温度的气温 2℃及以上时的温度。低温是指作业地点的气温低于 5℃。

2.4　带电高处作业

作业人员在电力生产和供、用电设备的维修中采取地（零）电位或等（同）电位作业方式，接近或接触带电体对带电设备和线路进行的高处作业。低于表 1 距离的，视为接近带电体。

表 1　　距高压带电体距离

电压等级（kV）	10 以下	20～35	44	60～110	154	220
距离（m）	1.7	2	2.2	2.5	3	4

3　高处作业分级与分类

3.1　高处作业的分级

高处作业分为一级、二级、三级和特级高处作业。

3.1.1　作业高度在 2～5 m 时，称为一级高处作业。

3.1.2　作业高度在 5 m 以上至 15 m 时，称为二级高处作业。

3.1.3　作业高度在 15 m 以上至 30 m 时，称为三级高处作业。

3.1.4　作业高度在 30 m 以上时，称为特级高处作业。

3.2　高处作业的分类

高处作业分为特殊高处作业、化工工况高处作业和一般高处作业三类。

3.2.1　特殊高处作业

3.2.1.1　在阵风风力为 6 级（风速 10.8 m/s）及以上情况下进行的强风高处作业。

3.2.1.2　在高温或低温环境下进行的异温高处作业。

3.2.1.3　在降雪时进行的雪天高处作业。

3.2.1.4　在降雨时进行的雨天高处作业。

3.2.1.5　在室外完全采用人工照明进行的夜间高处作业。

3.2.1.6　在接近或接触带电体条件下进行的带电高处作业。

3.2.1.7 在无立足点或无牢靠立足点的条件下进行的悬空高处作业。

3.2.2 化工工况高处作业

3.2.2.1 在坡度大于45°的斜坡上面进行的高处作业。

3.2.2.2 在升降（吊装）口、坑、井、池、沟、洞等上面或附近进行的高处作业。

3.2.2.3 在易燃、易爆、易中毒、易灼伤的区域或转动设备附近进行的高处作业。

3.2.2.4 在无平台、无护栏的塔、釜、炉、罐等化工容器、设备及架空管道上进行的高处作业。

3.2.2.5 在塔、釜、炉、罐等设备内进行的高处作业。

3.2.3 一般高处作业

除特殊高处作业和化工工况高处作业以外的高处作业。

4 高处作业安全要求与防护

4.1 高处作业安全要求

4.1.1 从事高处作业的单位必须办理《高处安全作业证》，落实安全防护措施后方可施工。《高处安全作业证》格式见附录A。

4.1.2 《高处安全作业证》审批人员应赴高处作业现场检查确认安全措施后，方可批准高处作业。

4.1.3 高处作业人员必须经安全教育，熟悉现场环境和施工安全要求。对患有职业禁忌证和年老体弱、疲劳过度、视力不佳及酒后人员等，不准进行高处作业。

4.1.4 高处作业前，作业人员应查验《高处安全作业证》，检查确认安全措施落实后方可施工，否则有权拒绝施工作业。

4.1.5　高处作业人员应按照规定穿戴劳动保护用品，作业前要检查，作业中应正确使用防坠落用品与登高器具、设备。

4.1.6　高处作业应设监护人对高处作业人员进行监护，监护人应坚守岗位。

4.2　高处作业安全防护

4.2.1　高处作业前，施工单位应制定安全措施并填入《高处安全作业证》内。

4.2.2　不符合高处作业安全要求的材料、器具、设备不得使用。

4.2.3　高处作业所使用的工具、材料、零件等必须装入工具袋，上下时手中不得持物。不准投掷工具、材料及其他物品。易滑动、易滚动的工具、材料堆放在脚手架上时，应采取措施防止坠落。

4.2.4　在化学危险物品生产、储存场所或附近有放空管线的位置作业时，应事先与车间负责人或工长（值班主任）取得联系，建立联系信号，并将联系信号填入《高处安全作业证》备注栏内。

4.2.5　登石棉瓦、瓦棱板等轻型材料作业时，必须铺设牢固的脚手板，并加以固定，脚手板上要有防滑措施。

4.2.6　高处作业与其他作业交叉进行时，必须按指定的路线上下，禁止上下垂直作业，若必须垂直进行作业时，应采取可靠的隔离措施。

4.2.7　高处作业应与地面保持联系，根据现场情况配备必要的联络工具，并指定专人负责联系。

4.2.8　在采取地（零）电位或等（同）电位作业方式进行带电高处作业时，必须使用绝缘工具或穿均压服。

5 《高处安全作业证》的管理

5.1 一般高处作业及 3.2.2.1 和 3.2.2.2 规定的化工工况高处作业由车间负责审批。二级、三级高处作业及 3.2.2.3 和 3.2.2.4 规定的化工工况高处作业由车间审核后，报厂安全管理部门审批。特级、特殊高处作业及 3.2.2.5 规定的化工工况高处作业由厂安全部门审核后，报主管厂长或总工程师审批。

5.2 施工负责人必须根据高处作业的分级和类别向审批单位提出申请，办理《高处安全作业证》。《高处安全作业证》一式三份，一份交作业人员，一份交施工负责人，一份交安全管理部门留存。

5.3 对施工期较长的项目，施工负责人应经常深入现场检查，发现隐患及时整改，并做好记录。若施工条件发生重大变化，应重新办理《高处安全作业证》。

表 2　　　　高处安全作业证

<table>
<tr><td>申请单位</td><td></td><td>申请人</td><td></td></tr>
<tr><td>作业地点</td><td></td><td>作业时间</td><td></td></tr>
<tr><td rowspan="2">作业内容</td><td rowspan="2"></td><td>作业高度</td><td></td></tr>
<tr><td>作业类别</td><td></td></tr>
<tr><td>安全防护措施</td><td colspan="3">施工单位负责人：</td></tr>
<tr><td>监护人职责</td><td colspan="3"></td></tr>
</table>

续表

项目负责人意见	
审核部门意见	
审批部门意见	
备注	

参考文献

1. 中国认证人员与培训机构国家许可委员会编. 职业健康安全专业基础. 北京：中国计量出版社，2003

2. 余华文主编. 企业员工安全生产知识必读. 合肥：中国科学技术大学出版社，2006

3. 张荣主编. 危险化学品安全技术. 北京：化学工业出版社，2005

4. 李荫中. 危险化学品企业员工安全知识必读. 北京：中国石化出版社，2007

5. 赵秋生编著. 厂长经理和管理人员职业安全健康知识. 北京：化学工业出版社，2006

6. 张娜主编. 安全生产基础知识. 北京：中华工商联合出版社，2007

7. 北京英达管理培训中心、北京世纪德铭科技发展有限公司. 企业员工安全意识普及教材. 北京：中国计量出版社，2005

警告标志

危险货物包装标志

禁止烟火

禁止带火种

禁止用水灭火

禁止放易燃物

禁止吸烟

禁止标志

禁止入内

禁止转动

禁止触摸

禁止攀登

禁止跨跃

禁止跳下

指令标志

必须戴安全帽

必须穿防护服

必须戴护耳器

必须戴防护帽

必须穿防护鞋

必须戴防尘口罩

必须系安全带

必须加锁

必须穿救生衣

必须戴防护手套

必须戴防毒面具

必须戴防护眼镜

提示标志

可动火区
FLARE UP REGION

紧急出口
EMERGENCY EXIT

紧急出口
EMERGENCY EXIT

避险处